Research on
Silk Culture

蚕丝绸文化研究
（2023年）

金佩华◎主编

ZHEJIANG UNIVERSITY PRESS
浙江大学出版社
·杭州·

图书在版编目（CIP）数据

蚕丝绸文化研究. 2023年 / 金佩华主编. -- 杭州：
浙江大学出版社, 2024. 10. -- ISBN 978-7-308-25523
-3

Ⅰ. S88；TS146-092

中国国家版本馆CIP数据核字第2024Z6D866号

蚕丝绸文化研究（2023年）

金佩华　主编

责任编辑	牟琳琳	
责任校对	吕倩岚	
封面设计	尤含悦	
出版发行	浙江大学出版社	
	（杭州市天目山路148号　邮政编码310007）	
	（网址：http://www.zjupress.com）	
排　　版	杭州林智广告有限公司	
印　　刷	杭州高腾印务有限公司	
开　　本	710mm×1000mm　1/16	
印　　张	14.25	
字　　数	224千	
版 印 次	2024年10月第1版　2024年10月第1次印刷	
书　　号	ISBN 978-7-308-25523-3	
定　　价	88.00元	

目录

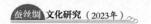

1859年的中意蚕丝绸文化交流

金佩华　余连祥

意大利人卡斯特拉尼（G.B. Castellani）带领的探险队于1859年3月9日抵达上海，4月14日在法国驻沪总领事敏体尼（Charles de Montigny）的陪同下途经杭州前往湖州。湖州知府瑞春亲自陪同探险队于4月16日在湖州东郊的一座寺庙中住下来，让他们观察当地人如何养蚕，学习养蚕技术。

19世纪中叶，在欧洲肆虐多年的蚕微粒子病以摧枯拉朽之势重创意大利的丝绸生产，使其在地中海地区的霸主地位一去不复返。为了寻找健康的蚕种，探索对抗蚕病的科学方法，意大利蚕桑专家卡斯特拉尼（见图1）率领一支由7人组成的科考、商业探险队于1859年来到中国。他一面用意大利方法养蚕，一面雇两位中国人用传统的中国方法养蚕。他每天都对两组实验进行详尽的记录，并设法到附近蚕农家进行调研观察。这些笔记后来被整理成《中国养蚕法：在湖州的实践与观察》一书。

图1　卡斯特拉尼

一

正在进行的第二次鸦片战争给卡斯特拉尼到湖州观察养蚕法增加了难度。他们没能赶在清明前到达湖州，像当地蚕农那样从容准备。太平天国于1853年3月攻下江宁（今南京），好在卡斯特拉尼团队进行养蚕实验的湖州东郊还相对平静，这倒是卡斯特拉尼该庆幸的。

卡斯特拉尼团队里有一位摄影师贾科莫·卡内瓦（Giacomo Canevade），拍摄了不少照片，留下了中国蚕丝绸文化史上最早的一批影像资料。

湖州知府瑞春（1795—1862），字慰农，姓鄂济氏，蒙古正蓝旗人（见图2）。他治尚宽平，有"瑞佛"之称。瑞春将卡斯特拉尼团队领到湖州东郊的一座寺庙里安顿下来。对于寺庙周围的环境(见图3)，卡斯特拉尼这样描述：

图2　卡内瓦拍摄的湖州知府瑞春

　　我们暂居的地方是位于绵延群山末端的一座小山上的一个简陋寺庙。庙旁耸立着一棵大树。在山顶环顾四周，是（静谧的）一望无际的平原，那平原上因为船行水面的运河和湖泊而显有灵气。向东望去，有一块翠绿的心形平地，四周环绕的河流灌溉这块平地上的谷物蔬菜，桑树亦繁盛地长在那里。不规则的群山围绕着这片平原，画出了一条不规则的曲线。山上长有丰富的植被，是各种树型的常绿树林，在裸露有岩石或红壤的地方覆盖着蕨类和灌木。向西是湖州城，城里有一座尖耸似鸟喙的塔，在这里这条山脉与一条更高、更远的向北方绵延的深褐绿色山脉会合，向着 Nanking 的方向无限延伸。房屋四散分布在这片土地肥沃、气候宜人的平原上。①

图3　探险队居住的寺庙及周边环境

---

①　卡斯特拉尼：《中国养蚕法：在湖州的实践与观察》，楼航燕、余楠楠译，浙江大学出版社，2016，第45页。

　　笔者请教了八店里镇文史研究者汤斌昌老先生。从照片上的塘路和纤桥来判断，这座小山丘位于頔塘北岸。据从山顶能看到湖州城内的飞英塔来判断，应该在三里桥附近。汤先生说，从頔塘南岸谢家山一带北眺，山顶有寺庙的，有远处的毗山和近处的蜀山。

　　笔者专程开车去考察了蜀山，基本判断照片上的小山就是蜀山。由于现在周围高楼林立，蜀山已不太起眼；更何况，该山已被开过石矿。然而1859年前后，蜀山周围只有平房和两层楼房，凭借开阔的视野，能看到东部的平原和西南方向的天目山余脉，自然也能看到城内的飞英塔。

　　卡斯特拉尼描述道：

　　寺庙或寺庙的内部，也就是我住的地方，就坐落在城外的一个山顶上，但它内部只有一个小厨房，一间一楼的房间。寺庙中央是一个祭坛，上面有一个巨大的镀金神像，神像大约有40只手。此外，还有两个楼上的房间。一楼的房间有六扇门，将整个房间和外部联通。房间的上半部分开了几个规则排列的方形开口，让新鲜空气和阳光进入房间，但也没有阻拦风雨。楼上的房间虽然有屋顶，但风却穿过墙壁上、门上和窗户上无数的裂缝和孔洞灌入房间，雨水从屋顶的孔洞穿透入室。不同种类的虫子已经在此地安居了许多年。这就是要容纳四个欧洲人和五个中国人，并要作为一个养蚕实验室的房子。

　　为了满足我们的需求，我尝试开始布置可利用的空间。我把楼上的每个房间用竹竿和席子一分为二。在一楼，我首先为几个中国人设置了一个房间，然后在另一个新开辟的房间用竹子搭了一个框架，用石灰粉刷了墙壁，并添置了一个炉子。这些事情都是说起来容易做起来难。这样一来，我就能在环境温度条件下搭建养蚕结构：我用我们的方法，在楼上的一间房里利用炉子做成一个人工加热饲养系统；在一楼的房间里，我也用我们的方法搭建了一个采用中国养蚕方式的饲养系统。①

　　寺庙简陋，卡斯特拉尼团队和其雇用的中国人的住处得自己隔出来，另外

_____

① 卡斯特拉尼:《中国养蚕法：在湖州的实践与观察》，楼航燕、余楠楠译，浙江大学出版社，2016，第42页。

还得隔出两间蚕房，按中国和意大利养蚕法分别饲养春蚕。当地人养春蚕，一般清明前后收拾蚕室，洗晒蚕具。卡斯特拉尼4月16日住下来再来收拾蚕室，实在太匆忙，这对饲养春蚕极为不利。

当地谚云，"上半年靠养蚕，下半年靠种田""养蚕用白银，种田吃白米"。卡斯特拉尼并没有雇到理想的养蚕人，其高价雇来的养蚕人对养蚕并不上心，甚至还有鸦片瘾。当地的士绅阶层讲究"耕读传家"，不仅懂得如何养蚕，还能从流传在民间的蚕书中了解养蚕知识。可惜卡斯特拉尼并没有结识懂得养蚕的士绅。他对中国养蚕法的了解，来自巴黎的汉语教授朱利尼（Stanislas Julieny）主编的《概述中国培育桑树和饲养桑蚕的主要方法》，另外主要是跟从上海带来的一位养蚕专家现学的。

卡斯特拉尼亲自跑到蚕农家去调研：

> 关于养蚕的管理，我只给予指导，这样我就可以自由地拜访山下平原的蚕农，将他们的养蚕结果与我们在寺庙得到的进行比较。

> 我要求搭载我们从上海到此地的船供我们使用，这样我可以深入乡村；万一有危险，我们也可以迅速离开。①

当年湖州平原水乡的出行方式主要为船，所谓"以舟为车，以楫为马"。卡斯特拉尼留下了从上海来湖州的船，便于出行。

卡斯特拉尼的调研并没有想象中那么顺利。对此，他抱怨道：

> 迷信还让事情变得更加复杂，它可以在任何时刻阻止你：这里的人不让别人看他们的蚕，他们甚至不让自己的亲人看；有时是因为它们在眠，有时是蜕皮，有时是吐丝结茧。这禁令是不容置疑的，任何解释证明都没有用。外国人还被怀疑因为很脏而会传染或玷污任何与之接触过的生命体。虽说有时迷信和反感可以用金钱来消除，但更多的时候是经过了漫长而艰难的远行却什么收获

---

① 卡斯特拉尼：《中国养蚕法：在湖州的实践与观察》，楼航燕、余楠楠译，浙江大学出版社，2016，第42页。

都没有。①

那么，卡斯特拉尼所言的"迷信和反感"，其真相究竟是什么？

为了解当年的真相，笔者找到了与卡斯特拉尼同时代的汪日桢。汪日桢（1813—1881），字刚木，号谢城，又号薪甫，浙江乌程人。咸丰二年（1852）举人，官会稽教谕。他生平喜爱著述等事，以书籍、朋友为性命，修金所入，悉以购书。他购买了大量蚕书，先后承担了《乌程县志》《南浔镇志》和《湖州府志》"蚕桑"部分的编撰，又根据手头掌握的材料，整理成专书《湖蚕述》。

汪日桢在《自序》中写道：

> 蚕事之重久矣，而吾乡为尤重，民生利赖，殆有过于耕田，是乌可以无述欤！岁壬申（1872年）重修《湖州府志》，"蚕桑"一门，为余所专任，以旧志唯录《沈氏乐府》，未为该备，因集前人蚕桑之书数种，合而编之，已刊入志中矣。既而思之，方志局于一隅，行之不远，设他处有欲访求其法者，必购觅全志，大非易事，乃略加增损，别编四卷，名之曰《湖蚕述》，以备单行。所集之书，唯取近时近地，虽《禹贡》、《豳风》、《月令》，经典可稽，贾思勰（《刘民要术》）、陈旉（《农书》）、秦湛（《蚕书》）完书具在，然宜于古，未必宜于今；宜于彼，未必宜于此，不复泛引，志在切实用，不在侈典博也。编甫成，客有诮其繁琐者，余应之曰：吾湖蚕事，人人自幼习闻，达于心不待宣于口，视为繁琐，宜也，若他方之人，恐犹病其阙略耳。至于提蚕、择叶，有目力焉；出羹、缫丝，有手法焉；分刌、节度，非可言传，器具形制，亦难摩状。且四方风土异宜，不能尽拘以湖州之成法，是则变通尽利，存乎其人矣。②

浙江农业大学蒋猷龙教授于1987年在农业出版社出版了《湖蚕述注释》，并在《注释序》中指出：

---

① 卡斯特拉尼：《中国养蚕法：在湖州的实践与观察》，楼航燕、余楠楠译，浙江大学出版社，2016，第40页。
② 汪日桢撰、蒋猷龙注释：《湖蚕述注释》，农业出版社，1987，第1页。

《湖蚕述》成书于1874年，有光绪六年（1880）刻本以及农学丛书、荔墙丛刻等本，1956年中华书局有铅印本……我认为这是一本比较好的书，根据是：一、它虽然是广引他人著作而成的一种辑录，个人极少主见，但全书终成为一个整体，作者熟悉蚕桑技术，对资料的取舍有据，故"装配"工作十分成功；二、本书反映了乡土传统生产的特色，使读者可以探索出从明代起"湖丝甲天下"的原因所在；三、宝贵的群众经验，蕴藏着深刻的科学道理，以致至今仍有参考价值。[①]

将这些对照着阅读，可以解释卡斯特拉尼的"误读"。当地的养蚕人家禁止卡斯特拉尼进入他们的蚕室，其实是从宋代一直沿袭下来的"蚕禁"习俗：

蚕时多禁忌，虽比户，不相往来。宋范成大诗云："采桑时节暂相逢"，盖其风俗由来久矣。官府至为罢征收，禁勾摄（《胡府志》，按：学政考士、提督阅兵、按临湖州，并避蚕时），谓之关蚕房门。收蚕之日，即以红纸书"育蚕"二字，或书"蚕月知礼"四字贴于门，猝遇客至，即惧为蚕祟，晚必以酒食祷于蚕房之内，谓之掇冷饭，又谓之送客人（《吴兴蚕书》）。虽属附会，然旁人知其忌蚕，必须谨避，庶不至归咎也。[②]

汪日桢对此的评价是"虽属附会，然旁人知其忌蚕，必须谨避，庶不至归咎也"。这些蚕禁尽管有些过头，但从官府到平民百姓都遵从这些习俗。卡斯特拉尼却不愿遵从这一习俗，试图进入蚕室观察当地的养蚕法。这也算是东西方文化的一次碰撞。

据卡斯特拉尼回忆，瑞春派人告知，当地人计划于5月6日到寺庙里来围攻他们。应卡斯特拉尼的要求，瑞春派兵到寺庙来保护他们，也许还做了地方士绅的工作，那天并没有发生群体性事件。

卡斯特拉尼的努力是有些成效的。团队中的摄影师贾科莫·卡内瓦拍摄到了一张农家蚕室的照片（见图4）。卡斯特拉尼根据这张照片临摹了蚕具（见图5）。

---

① 汪日桢撰、蒋猷龙注释：《湖蚕述注释》，农业出版社，1987，第1页。
② 汪日桢撰、蒋猷龙注释：《湖蚕述注释》，农业出版社，1987，第39页。

比较反常的是，正在蚕室里喂养蚕宝宝的并不是蚕娘。也许这户人家只有两个光棍男子，收了卡斯特拉尼给的小费，就允许他们参观蚕室并拍照片。

图4　湖地蚕室

a) 蚕架和蚕匾　b) 小桌子　c) 切叶砧　d) 切叶刀　e) 油灯　f) 采桑筐
g) 炭盆　h) 大蚕匾　i) 纸猫　j) 蚕神像　k) 辟邪桃枝

a) Racks and trays　b) Small table　c) Straw cutting board　d) Large knife
e) Oil lamp　f) Basket with mulberry leaves　g) Bag with coal
h) Wild canes large trays　i) Paper cat　j) Image of silkworm goddess
k) Peach-tree branch to dispel evil

图5　卡斯特拉尼根据照片临摹的蚕具

照片上的蚕室，有一排木头门窗，却没有糊上桃花纸之类，密封性极差，不利于给蚕室加温。中间切桑叶的操作台是一张四仙桌。蚕架有大有小，蚕匾也有大有小。需要说明的是，图5中卡斯特拉尼标为炭盆的其实是装木炭的袋子。

蚕室的门窗上贴着蚕神和蚕猫，蚕架上插着辟邪的桃枝。照片中的两位男人，一位正在切桑叶，另一位正在给蚕匾里的蚕宝宝喂桑叶。采桑筐与蚕匾一样，都是竹编的。蚕农晚上还要喂上几次蚕，因而桌上放着油灯。关于蚕猫和桃枝，卡斯特拉尼写道：

> 为了防止老鼠伤害家蚕，除了油灯，人们还会用各种颜色印制一些猫的剪纸，贴在墙上、供奉祖先的祭台上，或者蚕架的立柱上，有时也会贴在画有蚕花娘娘的卷轴上。为了对抗邪恶，门上或蚕架上有时会插一些桃树的枝条。值得一提的是，意大利的妇女也会采用相似的方式来表达她们对蚕的柔情，例如她们会在蚕的上面撒一些玫瑰花瓣。①

中国蚕农用的蚕猫形式多样。有卡斯特拉尼所看到的猫的剪纸，也有汪日桢在《湖蚕述》中写到的泥猫："或范泥为猫，置筐中以避鼠，曰蚕猫。"②不过最管用的是蚕农所养"逼鼠"的猫。至于桃枝，并不是装饰品，而是驱蚕祟的。

四仙桌偏高，矮小的蚕妇切桑叶是很累的。比较轻松的是坐在春凳（见图6）上切桑叶。

图6　春凳

---

① 卡斯特拉尼：《中国养蚕法：在湖州的实践与观察》，楼航燕、余楠楠译，浙江大学出版社，2016，第56页。

② 汪日桢撰、蒋猷龙注释：《湖蚕述注释》，农业出版社，1987，第12页。

卡斯特拉尼根据调研的情况，还画了一位小脚蚕妇（见图7）。她把蚕放在床上精心保护起来。画面中的蚕妇正捧着放乌蚁的竹簟，展示给卡斯特拉尼看。

图7　小脚蚕妇向卡斯特拉尼展示乌蚁

卡斯特拉尼临摹的图中并没有适合放蚕匾的给桑架，所以他不懂给桑架的功用，画出的操作图（见图8）不合常理。蚕架、蚕匾和给桑架（见图9）相配合，操作简便，节省空间。另外，石灰粉是事先用筛子筛过的，装石灰粉的袋子没有这么大。

图8　不合理的操作台

图9　蚕农使用的给桑架

卡斯特拉尼根据观察，专门介绍了湖州蚕农想方设法到处栽种桑树：

中国栽培桑树有不止一种形式，有田间地头散落栽种的，有整齐排列栽种的，有房屋四周栽种的，有沿路栽种的。中国人不会把桑树培养成灌木形式，因为树下的泥土会变得无法再做利用。①

卡斯特拉尼在观察中看到的桑树多是矮化了的中杆桑（见图10），并不是规整的"三腰六拳"桑树。种这种中杆桑，地里还能套种其他农作物。

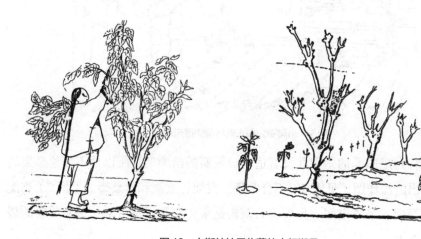

图10 卡斯特拉尼临摹的中杆湖桑

卡斯特拉尼还注意到，经嫁接的"湖桑"，叶片平均大小是意大利桑叶的两倍。他还注意到吃桑叶的昆虫"毛虫"，而意大利桑树上并没有这种害虫。

杭嘉湖平原是典型的塘浦圩田，圩田地势低，便于灌溉水稻，圩埂及其他高地遍植桑树。汪日桢写道：

蚕所赖者，专在于桑。其树桑也，自墙下、檐隙，以暨田之畔、池之上，虽惰农无弃地者。其名桑也，不曰桑而直曰叶（《德清县志》：明洪、永、宣德年间，敕州县植桑报闻株数，以是各乡桑、柘成阴，今穷乡僻壤，无地不桑。《湖府志》）。

----

① 卡斯特拉尼：《中国养蚕法：在湖州的实践与观察》，楼航燕、余楠楠译，浙江大学出版社，2016，第48页。

桑地宜高平，不宜低湿，高平处亦宜培土深厚（《广蚕桑说》）。蚕桑随地可兴，而湖州独甲天下，不独尽艺养之宜，盖亦治地得其道焉。厥土涂泥，陂塘四达，水潦易消。《周礼》谓"川泽之土，植物宜膏，原隰之土，植物宜丛"。湖实兼之，乃淮南所谓息土也。地利既擅，人功尤备。以桑之喜疏也，垦必数四，深必尺余；以桑之喜肥也，壅以蚕沙，暨豆屑、粪草；以桑之恶沙砾、草莱也，植必平原，茇必净尽。治地之道，能顺桑性，故生叶蕃、大而厚（《西吴蚕略》）。①

汪日桢还特别提及桑树地兼种其他作物时应注意的事项：

桑未盛时，可兼种蔬菜、棉花诸物，盖兼种诸物则土松而桑益易繁，此两利之道也。但不可有妨根条，如种瓜、豆，断不可使其藤上树（《广蚕桑说》。按：近桑不可种大麦，又不可植杨，以多杨甲虫也）。②

二

至于养蚕实验，卡斯特拉尼带了些蚕种乘船去湖州，因路上时间太长，居然在没有催青的情况下，蚕卵就出了乌蚁。卡斯特拉尼记录道："由于担心还在船上的时候，缺少新鲜空气和长时间的高温会对已经孵化的蚕产生不良影响，我登陆后，就立即采购了少量的蚕种，从蚕卵期开始饲养。但我也没有丢掉原有的已经孵化的蚕，而是准备将两批蚕放在一起做个比较。"③

卡斯特拉尼在蜀山顶上的寺庙里开始养蚕，对中国养蚕法产生了疑惑。采用意大利的养蚕法，他指导团队里的人用炉子加温，用从意大利带来的温度计来控制温度。他原先从书上了解到中国北方人在"火仓"里加温饲养春蚕。然而，帮他饲养春蚕的中国人告诉他，在湖州一带养春蚕，即使小蚕也不用加温，

---

① 汪日桢撰、蒋猷龙注释：《湖蚕述注释》，农业出版社，1987，第21页。
② 汪日桢撰、蒋猷龙注释：《湖蚕述注释》，农业出版社，1987，第29页。
③ 卡斯特拉尼：《中国养蚕法：在湖州的实践与观察》，楼航燕、余楠楠译，浙江大学出版社，2016，第41—42页。

周围的蚕农也都说不用加温。"至少在湖州地区，蚕农从来没有在养蚕的过程中进行人工加热"①。蚕农们认为，蚕室加温会导致蚕宝宝体质虚弱，食叶量下降，甚至会因停止吃叶而死掉。卡斯特拉尼由此推断，当地蚕农曾经给小蚕加温，效果适得其反，因而放弃了。"因为这个方法常常失败，所以他们都决定放弃这样的做法。现在，这些失败事例在我看来是很自然的事情，因为那些养蚕人既没有温度计，也没有壁炉或火炉来生火，以致很难控制人工加热的温度，而且他们总是在铜盆中放煤炭生火给蚕室加温，使室内的空气质量变得很糟糕。所以我毫不迟疑地接受他们对保持一个稳定的温度有困难的说法。"②

汪日桢的《湖蚕述》在谈到蚕室布置时，引用了徐献忠《吴兴掌故》的评述："古人立蚕室甚密，只开南北窗，以纸窗、藁帘重蔽之。南风则闭南窗，北风则闭北窗，内设火坑五处，蚕姑以单衣为寒暖之节：单衣觉寒则添火，单衣觉热则减火，一室之内，自地至屋，无不暖之处，故天时不能损其利也。今湖中所谓蚕室，甚草草，一不能御风，二不能留暖气，伤寒者则僵死，伤热者则破囊。"③徐献忠认为，蚕室用火加温，是古代传下来的养蚕之法。湖州蚕农没有卡斯特拉尼所说的温度计，但参照蚕姑穿单衣进蚕室不冷不热的体感温度，则蚕室大致能保持在 25 度左右。这正是有利于春蚕生长的理想温度。陶盆里放木炭来加温，就不存在排烟问题。根据南风或北风开北窗或南窗透气，就既不会被大风吹走暖气又能保持蚕室良好的通气性能。徐献忠对清初嘉靖年间湖州人草草布置蚕室颇有微词。蚕室太简陋，密封性差，自然就不太好加温。

至于加温的时间，一般从给蚕种加热催青开始，直至眠好三眠。"小蚕用火，至三眠去之，故名出火（亦作辍火）。近多不用火，而出火之名，仍相沿不改（《遣闲琐记》）。"④三眠，俗称"出火"，意思是眠好三眠，四龄的蚕宝宝较为强健，抗冷热的体质增强了。而且暮春时节，天气也变暖了。

---

① 卡斯特拉尼：《中国养蚕法：在湖州的实践与观察》，楼航燕、余楠楠译，浙江大学出版社，2016，第 68 页。
② 卡斯特拉尼：《中国养蚕法：在湖州的实践与观察》，楼航燕、余楠楠译，浙江大学出版社，2016，第 68—69 页。
③ 汪日桢撰、蒋猷龙注释：《湖蚕述注释》，农业出版社，1987，第 1—2 页。
④ 汪日桢撰、蒋猷龙注释：《湖蚕述注释》，农业出版社，1987，第 48 页。

不用炭盆加温，则需把乌蚁放在相对温暖的地方，俗称"冷看"，一般要生长六七天。"倘用火，较速，谓之三日三夜赶头眠（《育蚕要旨》）。"[1]加温饲养幼蚕，要像炼丹一样精心：室温保持在25度左右；适当通气，改善蚕室空气，又能预防一氧化碳中毒；嫩桑叶切细撒匀勤喂，确保头眠眠得整齐。

卡斯特拉尼还比较了中意不同的清除蚕沙的方法。中国清除蚕沙的方法主要用两只蚕匾翻过来翻过去分离蚕宝宝与蚕粪，十分繁复。他认为意大利的方法更为可取："我们使用的是一种轻薄的纸张，上面布满密集的网状小孔，使蚕能轻松地通过这些小孔爬到上面来。同时网孔会将蚕分散，以便它们能在同一时间里全部爬上来而不会相互拥挤。这样一来，我们能够顺利完成任务，蚕也不会感到痛苦。如果那些残留在垃圾里的蚕为数不多，可以不去管它们。如果数量很多，也可以很方便地用叶子将它们采集起来。"[2]

其实，中国人清除蚕沙，也是主要用蚕网的，而且是比意大利的纸网使用起来更方便的线网。《湖蚕述》在介绍蚕具时讲到了两种除沙工具，"分粪小蚕用尖竹箸，俗名蚕筷。大蚕用网，小蚕贮以蒲篓（按：柳条所编）、以竹筛……"[3]，眠好头眠，就用小、中、大不同网孔的蚕网来分粪。

《湖蚕述》在介绍"网粪"时，引用了《吴兴蚕书》的方法：

蚕过二眠，蚕身已大，用大筐安放，大筐重笨，殊难转运，合粪则蚕长筐增、列槌层叠，若用手剥，亦缓而不能一时周遍，唯以网替之，较省力，较敏捷。网之宜疏、宜密，须酌量蚕之大小，替时取网铺于蚕上，须平正熨贴，使蚕得穿网眼而上升，饲叶三顿后，蚕已就食，而齐集网面，网之眼皆为叶蔽，不复漏蚕，随以空筐置其旁，两人提网四角，移放空筐中，网底或带粪梗，亦宜摘去。网之四角，须搭入筐内，若悬挂在外，恐槌上进出，或有牵绊也。下次替，另以网铺，此网随沙粪撤出，故一筐用二网。[4]

---

[1] 汪日桢撰、蒋猷龙注释：《湖蚕述注释》，农业出版社，1987，第38页。
[2] 卡斯特拉尼：《中国养蚕法：在湖州的实践与观察》，楼航燕、余楠楠译，浙江大学出版社，2016，第77页。
[3] 汪日桢撰、蒋猷龙注释：《湖蚕述注释》，农业出版社，1987，第12页。
[4] 汪日桢撰、蒋猷龙注释：《湖蚕述注释》，农业出版社，1987，第53页。

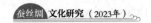

卡斯特拉尼雇来的中国人养蚕，只用一种大网眼的蚕网来除老蚕的蚕沙。因而，他观察到的情景是：

用于清洁五龄蚕的蚕网在中国已使用了很久，没有什么创新或者现代化一说。它们是用染成黑色的麻绳做的，或者说由于我从未看到过一个新的蚕网，也许它是因为用久了才变成黑色的。蚕网并不昂贵，在出售的时候是呈正方形的，蚕农会依据蚕匾形状将它剪成圆形，绑在蚕匾上面。蚕网的尺寸和意大利使用的相同，不过只有那些饲养了大批家蚕的蚕农才会使用蚕网。其他人在有时间有精力的前提下习惯节省这笔钱。①

卡斯特拉尼通过观察对比发现，他用意大利方法饲养的春蚕，不管是加热饲养还是自然温度饲养，在三眠以前都生长良好。用中国方法饲养的春蚕中，发现了一些死蚕。他用意大利方法饲养的春蚕，在三眠时，加热饲养的出现了亮头蚕等病蚕。大眠时仍有病蚕死去。而中国方法饲养的春蚕却生长良好，生长不良的蚕在前期就被淘汰了，余下的都能健康生长。

卡斯特拉尼对中国养蚕法使用的两种"神器"——石灰和炭粉颇有兴趣："露天做成的熟石灰会被磨碎成粉末。而炭粉不是由木材烧成，而是用谷壳烧制而成。"② 卡斯特拉尼记录的制作方法有误。石灰粉不是磨碎的，而是在生石炭上洒点水，让其化成粉，再用筛子筛掉化不开的石子。初冬时节，将稻谷砻成糙米，用风扇扇出来的稻谷俗称"砻糠"，将砻糠煨成班糠后收藏，到养蚕时使用。由于砻糠煨焦了，故又称焦糠。这种炭化的班糠，就是卡斯特拉尼所说的炭粉。

当蚕匾里的蚕都进入休眠，他们用手将一些炭化稻壳（即炭粉）和熟石灰的混合物撒在蚕体上，直至将其覆盖……然后，让蚕保持这样的状态，直到它

---

① 卡斯特拉尼:《中国养蚕法:在湖州的实践与观察》，楼航燕、余楠楠译，浙江大学出版社，2016，第55页。
② 卡斯特拉尼:《中国养蚕法:在湖州的实践与观察》，楼航燕、余楠楠译，浙江大学出版社，2016，第56页。

们抬起头来，抖落身上的石灰和炭的混合物，这也表明了休眠期已经结束。[①]

蚕农一般在头眠、二眠和出火时撒班糠，大眠时将班糠和石炭粉拌匀后再撒到蚕座上，或单撒灰炭粉。汪日桢介绍了头眠时撒班糠"种眠头"之法：

蚕至吐珠为眠成，取空筐匀糁班糠……以眠头带䕅，松布其中，谓之派䕅。用手宜轻，不能触伤蚕嘴，䕅中沙矢必尽抖去，复厚糁班糠一层，安顿静暖处，谓之种眠（《吴兴盛书》）。令蚕䕅干燥，眠亦易起（《育蚕要旨》）。[②]

在眠头上撒班糠，其功效是保持蚕座干燥，同时让因蚕眠而剩下的桑叶干枯掉，不让刚眠好的"起娘"偷吃不新鲜的桑叶。在四、五龄蚕的蚕座上撒石灰，除了干燥作用外，还能预防蚕脓病等。一旦发现蚕脓病，赶紧撒上石灰粉，能抑制蚕脓病的传染。

凡病湿白肚，用石灰末匀筛一层于筐，俟蚕行起，以叶饲之两顿后，再用石灰化水，遍洒叶上，令蚕食之，病者即死，不欲遗染。（按：无病之蚕，一沾其足流之水，立时亦成白肚，故一见即宜早治）。俗谓爬蚕发于大眠三周时者，至五周时自止，发于五周时者，必倾筐尽变，此说甚确。[③]

蒋猷龙解释，以石灰来杀灭病毒，防治脓病，近代科学实验证明确有成效。
卡斯特拉尼也了解这种功效，"添加石灰不仅仅是为了吸收多余的水分，而且还可以作为消毒剂，中和蚕的尸体释放出来的有害物质"[④]。
石灰粉还有除虫豸的功效。眠好大眠，五龄的蚕俗称老蚕。蚕匾里已养不下那么多老蚕，蚕农一般会清理出厢房等地方来，将蚕宝宝养在地上，称下地蚕、落地铺。房间四周要堵上老鼠洞和能钻进蚂蚁的缝隙，并撒上石灰粉：

---

① 卡斯特拉尼：《中国养蚕法：在湖州的实践与观察》，楼航燕、余楠楠译，浙江大学出版社，2016，第79页。
② 汪日桢撰、蒋猷龙注释：《湖蚕述注释》，农业出版社，1987，第45页。
③ 汪日桢撰、蒋猷龙注释：《湖蚕述注释》，农业出版社，1987，第9页。
④ 卡斯特拉尼：《中国养蚕法：在湖州的实践与观察》，楼航燕、余楠楠译，浙江大学出版社，2016，第80页。

蚕下地，易为虫豸所伤，室中先须净扫尘埃。涂塞隙穴，四壁之下，虫豸得以藏匿者，悉取石灰末遍撒，以杜绝之（《吴兴蚕书》）。①

三

卡斯特拉尼提醒中国蚕农，蚕眠时足上会长出丝来，将蚕身固定在蚕座上，以便顺利蜕皮，尤其是大眠头，此时最好不要捉眠头，以免影响蚕眠。然而，中国蚕农却习惯于捉出火头或大眠头来称重。《湖蚕述》写道：

> 大眠与辍火同，亦称分两，每辍火一两：大眠四两，为正额，过为蚕长，不及为蚕损，恒以此卜收成之丰欠（《吴兴蚕书》）……凡出火一斤，得大眠四斤，为四斤捉；得五斤，则为五斤捉……②

蚕农以六斤大眠头为一筐。正常情况下，每筐采十斤蚕茧为收成较好，采十二斤为蚕花十二分，即大丰收了。《湖蚕述》云：

> 大眠后称得六斤为一筐，率收茧一斤为一分，以十二分为中平，过则得利，不及则失利……谚云"蚕花廿四分"，乃颂祷之夸词也（董蠡舟《乐府小序》）。③

捉出火头或大眠头称重，一是计算蚕茧产量，二是预估桑叶需要量，以便买卖桑叶。然而，这多多少少会影响蚕眠。从20世纪30年代开始，蚕种场培育的蚕种，以一张种为一个单位来计算产量，就不需要称重了。

出乎卡斯特拉尼意料的是，不给小蚕加温的蚕农，在熟蚕上山后，却要给山棚加温（见图11）。他转述了蚕农如此做的理由：

> 他们认为，首先也是最重要的是，如果不加热，不是所有蚕都能够结茧，

---

① 汪日桢撰、蒋猷龙注释：《湖蚕述注释》，农业出版社，1987，第55页。
② 汪日桢撰、蒋猷龙注释：《湖蚕述注释》，农业出版社，1987，第49页。
③ 汪日桢撰、蒋猷龙注释：《湖蚕述注释》，农业出版社，1987，第68页。

而那些能结茧的蚕也不会这么快就完成作茧。这两个结果都显得非常重要，因为大家想要一个好的收成，而且越快越好。他们还说，如果不这么做，许多蚕将会继续吃桑叶，在蚕座上爬来爬去浪费很多时间，或者蚕体还会变得有些浮肿。其余的则变得更加迟钝，你会发现即使完全成熟，它们也难以排空自己，从而变得无精打采。那些最弱的蚕身体长度会缩小，将它们从蚕座转移到蔟具的过程因而变得更长、更复杂，最终产量肯定会减少。相反，那些在温暖的作用下，失去光照和食物的蚕，身体长度不会缩小，也不会四处乱爬，而且会迅速排空自己。此外，正如他们解释的那样，无论到这个时候养蚕的技术有多么好，也无论他们多么尽心尽力地照看蚕，但是，在蚕结茧之前，工作还没有完成。此刻，人们只是松了一口气，停止担心每一天可能发生的灾难的威胁。另外，采用这种方法的第二个原因是，蚕吐出的丝越湿润，丝纤维之间产生的粘连就越强，从而导致在接下来的缫丝过程中丝线过于频繁地断裂。不用炭火加热，蚕茧会变得更加紧实，纤维层与层之间将会粘连过紧而难以分开，要从这样的蚕茧中抽丝将变得更加困难，丝常常会断裂。[①]

a) 蚕架上的蚕蔟 b) 蚕架 c)炭盆 d) 油灯 e)席子 f) 守夜人
a) Bundles kept on easel b) Easel c) Pots with burning coal d) Oli lamp
e) Rolled up mat f) Sleeping watchman

图11　用炭盆给山棚加温

① 卡斯特拉尼：《中国养蚕法：在湖州的实践与观察》，楼航燕、余楠楠译，浙江大学出版社，2016，第92页。

《湖蚕述》对此也有提及：

山棚下着火一周，用炭火极旺（《育蚕要旨》），曰燂火（《广韵》：燂，桑割、七曷二切。《乌青镇志》），亦曰灼山（《胡府志》），亦曰炙山（《乌程刘志》）。小蚕宜暖，老蚕亦宜暖，暖则易于成茧，况老蚕多溺，著茧即潮，不得火焉能使燥。火盆离棚约二尺。不可过高，亦不可过低（《吴兴蚕书》），使热上升，则乘此萦丝作茧，不停口而尽吐腹中所有矣（《乌青镇志》）。城中必盖以灰，不欲其过热，南浔则必吹使极炽，盖肥丝、细丝各有所宜也（《遣闲琐记》）。①

卡斯特拉尼观察到当地蚕农如何将陶盆里的木炭点着，并用班糠或草木灰护着，为山棚加温。用炭盆炙山棚，有利于熟蚕吐丝，且吐出来的丝有利于缫丝。《天工开物》称之为"出口干"。山棚下面用炭盆加温，比给整个蚕室加温要方便得多，且只要三四天就行。

更出乎卡斯特拉尼意料的是，养蚕时"关蚕房门"的蚕农，却在庆贺蚕茧丰收时大方地请人参观：

这是一个感人的场面，当他们解开蔟具，收集蚕茧，知道一切如愿之时，整个中国家庭沉浸在无比欢乐之中。所有的祈祷、迷信与恐怕都戛然而止，连陌生人也被允许自由进入先前被禁止的地方。②

卡斯特拉尼也被当地蚕农邀请，一起分享春蚕丰收的喜悦。

卡斯特拉尼此行的主要目的是寻访健康蚕种。因此，他专门带来显微镜，细细观察有病的蚕。一种有黑点的蚕引起了他的注意，经不断观察，他发现苍蝇在这种蚕身上产了卵，孵化成虫后寄生在蚕体内，待蚕结茧后再破茧而出。卡斯特拉尼将自己的发现告诉帮助他养蚕的中国人，才得知他们早已知道这些黑斑蚕和蚕蛹死去的原因，因而一直设法驱赶蚕室里的苍蝇。

---

① 汪日桢撰、蒋猷龙注释：《湖蚕述注释》，农业出版社，1987，第64页。
② 卡斯特拉尼：《中国养蚕法：在湖州的实践与观察》，楼航燕、余楠楠译，浙江大学出版社，2016，第93页。

这类蛆钻茧,《湖蚕述》也有记载:

有蛆生蚕腹,茧成穿穴而出者,是为蛆钻茧(《吴兴蚕书》),亦曰香眼茧(大眠后为麻苍蝇所咬,作茧后蝇子自出,而有此眼也。蚕时苍蝇必须常拂,点线香亦避《育蚕要旨》)。[1]

这种茧子不宜缫丝,蚕妇择茧时会挑选出来,归为剥绵兜的"绵茧"。

卡斯特拉尼组织养蚕,只是为了观察比较中国与意大利的养蚕法。他并不关心产茧量。当他认定湖州有健康蚕种时,就找人为他培育蚕种。离开中国时,卡斯特拉尼带走了12万盎司的中国蚕种。由于蚕种打包存放上的失误,这些蚕种在过热带地区海域时因发酵而损失了一大半,幸存下来的蚕种健康也受损,次年的生长情况并不理想。卡斯特拉尼在中意蚕丝绸文化交流方面的贡献值得我们进一步深入研究。

(作者单位:湖州师范学院)

---

[1]　汪日桢撰、蒋猷龙注释:《湖蚕述注释》,农业出版社,1987,第70页。

《子夜》与1930年前后的丝绸业

余连祥　金佩华

　　茅盾长篇小说《子夜》面世已有90多年了。90多年来，研究《子夜》的论著每年都在产出。然而，限于文献资料，有些问题仍没有得到很好的研究。据茅盾自己回忆，从搜集素材、撰写和修改提纲，到最后写成小说《子夜》，前后约两年半。其间茅盾因眼疾等原因，不能伏案阅读写作，闲来无事，就到表叔卢鉴泉的公馆找人聊天。《子夜》原计划写纱厂，后来改为写丝厂。茅盾只说去参观了同乡故旧的丝厂，具体去调研了谁的丝厂，茅盾没有说清楚，茅盾研究界也没有人深究此事。笔者近年来从一些文献中发现了一点线索。

　　《子夜》里吴荪甫、朱吟秋、陈君宜以及诗人范博文讲述了当年中国丝绸业的现状，属于茅盾的文学书写。"小说家言"与1930年前后丝绸业的实际情况，值得进行跨界研究。

一、《子夜》为什么要写中国上海的丝绸业

　　据茅盾回忆，1930年7月中旬，茅盾家搬至愚园路口庆云里一家石库门内的三楼厢房。安顿下来后，茅盾眼疾、胃病、神经衰弱并作，医生嘱咐少用眼多休息。闲来无事，茅盾去拜访了做"海上寓公"的表叔卢鉴泉。卢鉴泉公馆中政界、军界、金融界、实业界人士频繁出入。茅盾就常到卢表叔公馆去，跟一些同乡故旧晤谈，对于当时的社会现象也看得更清楚了。他还到这些同乡故旧开办的丝厂、火柴厂、纱厂、银行、商店参观，了解到中国的民族工业在外资的压迫和农村动乱、经济破产的影响下正面临绝境，深切体会到这些老板们在

绝境中挣扎的艰辛。

茅盾最初写下的《子夜》大纲准备写农村与都市的交响曲。从保留下来的初步提纲看,都市部分打算写成三部曲——"棉纱""证券"和"标金"。但写完提纲后,茅盾又觉得不理想:农村部分是否也要写三部曲?都市三部曲与农村三部曲又怎样配合、呼应?

1930年11月,茅盾搁下《子夜》提纲,转而写中篇小说《路》,约写了一半又发作更严重的眼疾。中间全休3个月。乘此机会,茅盾不断思考如何修改和完善《子夜》的大纲。他决定不写三部曲而写以城市为中心的长篇,把原计划中作为民族资本家代表的纱厂老板改成了丝厂老板。对此,茅盾坦言:

本书为什么要以丝厂老板作为民族资本家的代表呢?这是受了实际材料的束缚,一来因为我对丝厂的情形比较熟悉,二来丝厂可以联系农村与都市。1928—1929年丝价大跌,因之影响到茧价,都市与农村均遭受到经济的危机。①

的确,中国的蚕桑生产在农村,市镇中有交易桑叶和蚕茧的叶行和茧行,市镇和都市中有丝厂,大部分厂丝出口,要参与国际市场竞争。茅盾可以在乡镇、都市和国际市场上来横向展现中国丝绸业的命运:1930年前后,中国丝在法国里昂、美国纽约的市场受日本丝冲击量价骤降。在上海,中国丝厂也受到日本厂家的挤兑。中国丝在国际市场上销路受阻、价格大跌,丝厂自然要减少生产、降低成本,这就激化了都市的劳资冲突,加速了农村的"丰收成灾"。

茅盾保留了中国火柴厂与瑞典火柴厂竞争不能立足而纷纷破产这一副线。调整小说大纲后,茅盾再次参观了丝厂和火柴厂。商务印书馆的老同事章郁庵正在做交易所经纪人。茅盾由他领进门禁森然的交易所,并听他说明交易所中做买卖的规律及空头、多头之意义。作家黄果夫回忆他陪茅盾去交易所之所见:茅盾进入交易所后,"活跃得像一个商人","挤在人丛打听行情,是那样认真和老练"。

1931年1月茅盾眼疾渐愈。2月8日续完《路》后,又据提纲写出了若干详细的分章大纲。这些大纲都丢失了,但提纲却奇迹般地保存了下来。茅盾把

---

① 茅盾:《〈子夜〉是怎样写成的》,《战时青年》1939年第3期。

提纲抄在了回忆录中。浏览提纲，《子夜》的最初设想，有些海派市民文学的噱头，如绑架、暗杀、通缉等非常手段。

在此，我们有必要了解一下卢公馆以及卢表叔的"朋友圈"。

卢学溥（1877—1956），字鉴泉，又字涧泉，浙江省桐乡乌镇人。幼承家学，勤学敏思。1902年中举，次年赴京会试落第。回乌镇主持国民初等男学堂。卢学溥年轻气盛，锐意改革，聘名师、增设备，学校生气勃勃。他十分赏识沈德鸿（茅盾）的文才，关照沈家好好培养。1908年他去南京做幕僚，在财政金融界崭露头角。1912年，出任北洋政府财政部秘书。后历任财政部制用局机要科科长、公债司司长，参与制定公债条例、整理国内公债。据茅盾回忆，他在北京大学读预科时，卢表叔正任公债司司长。卢学溥是民国初年北洋政府总理梁士诒的得力助手。国民政府定都南京后，孔祥熙、宋子文家族谋求独揽全国金融大权，既欲借重卢学溥在银行界的声望，又欲将其排挤出交通银行，乃委卢学溥任中央造币厂厂长、招商总局监事会主席、中国银行监事会主席等职。卢学溥干脆辞职，做起了"海上寓公"，致力于主持浙江实业银行，使之成为实力雄厚的私人银行。

乌镇首富徐家光绪年间就在上海从事航运和房地产业，为沪上有名的富商。徐家致富不忘课读子弟，开设家塾，先后延聘名儒卢小菊和卢鉴泉祖孙执教。徐氏自七世起均有功名。其中徐冠南为甲午科举人、江苏候补道、实授七品工部主事。但徐家历代读书只是培养子女德才，功名只是为了光耀门楣和扩大人脉，为弃官从商作准备。徐冠南1921年以12万银元购得黄楚九花园，暂作与友朋休闲娱乐的"行宫"。黄楚九花园占地不广，却有楼台亭阁、水榭回廊，更有荷花池、九曲桥、假山瀑布之胜，另有一座五开间的中式厅楼，后进还有个小戏台。

卢学溥来做"海上寓公"，徐冠南就将黄楚九花园原价转让他。茅盾经常出入的卢公馆其实就是位于延安中路与慕尔鸣路交汇处的黄楚九花园。此地日后被改建为金都大戏院。

徐冠南倜傥好客，急公好义，喜欢结交名流。据徐冠南后代徐欣木说，卢鉴泉、沈雁冰、严独鹤和孔另境都是乌镇老乡，与徐冠南交往十分密切。茅盾创作《子夜》的不少素材取自徐冠南的"朋友圈"。[①]

徐冠南在沪上创办的商界"星期六聚会",活动场所就在黄楚九花园。该处转给卢学溥之后,"星期六聚会"等活动改在"小有天""厚德福"等名菜馆举办。茅盾也去参加"星期六聚会",结识实业界人士,为创作《子夜》搜集素材。

徐冠南是上海天纶绸厂的大股东。该厂于1925年与美亚织绸厂合资兴办天纶美记绸厂。徐冠南十分赏识美亚绸厂总经理蔡声白的经营能力,次年追加投资,与蔡声白合作开设天纶美记总厂。

蔡声白(1894—1977),名雄,以字行,吴兴(今湖州)双林人。1907年入湖州府中学堂。1911年入读清华学堂。1914年8月赴美留学。1915—1919年在美国理海大学(Lehigh University)学习矿冶工程。1919年毕业回国。1920年5月与莫怀珠完婚。1921年被其岳父莫觞清聘为美亚织绸厂经理。莫觞清及其女婿蔡声白经营的美亚集团是民国时期中国最大的丝绸企业,堪称"丝绸王国",蔡声白因此被誉为"绸业大王"。(见图1)

图1 蔡声白、莫怀珠和两个女儿

茅盾应该是通过徐冠南的关系结识蔡声白的。《子夜》的主人公吴荪甫主要经营的是丝厂,因而蔡声白的后代认为吴荪甫的原型之一应该是蔡声白的岳父莫觞清。

莫觞清(1871—1932)也是双林人(见图2)。幼入私塾,后进学堂。1900

[①] 徐家堤主编:《乌镇掌故》,上海社会科学院出版社,2003,第122页。

年入苏州延昌永丝织厂，因办事精干，粗通英语，深得经理杨信之赏识，两年后到上海勤昌丝厂任总管车。1903年与人合资在上海开设久成丝厂，生产玫瑰牌和金刚钻牌生丝，次年任上海宝康丝厂经理。1910年起，他先后开设久成二厂、又成丝厂、恒丰丝厂、久成三厂、德成丝厂等，成为上海滩的"丝业大王"。他善于审时度势和知人善任。看到当时的生丝销售掌握在洋人手中，莫觞清另辟蹊径，创办新式电机绸厂。1917年，与同乡丝商汪辅卿及美国人蓝乐璧合资开设美亚织绸厂，两年后停办。1920年春，与天生锦绸庄合作，再度开设美亚织绸厂，聘请从美国留学回国的蔡声白任经理。1921年

图2　莫觞清

4月，蔡声白正式出任美亚织绸厂经理，开启了其辉煌的绸业生涯。①

茅盾应该是去参观过莫觞清经营的丝厂和蔡声白经营的绸厂的。

与吴荪甫以破产崩溃告终截然不同的是，莫觞清的丝厂经营有方，虽历经起起落落，却保持业界领先的势头。"海归"蔡声白更具20世纪工业文明时代"白马王子"的品格，其年龄也与《子夜》中的吴荪甫相当。因而，蔡声白应该也是吴荪甫的原型之一。

茅盾坦承，其小说创作中人物塑造的经验，"就是把最熟悉的真人们的性格经过综合、分析，而后求得最近似的典型性格。这个原则，自然也可适用于创造企业家的典型性格。吴荪甫的性格就是这样创造的；吴的果断，有魄力，有时十分冷静，有时暴跳如雷，对手下人的要求十分严格，部分取之于我对卢表叔的观察，部分取之于别的同乡之从事于工业者"②。因而，吴荪甫应该是茅盾综合了卢表叔、莫觞清、蔡声白等同乡故旧的经历、胆识和性情而塑造出来的民族资本家的典型形象。

1929年受世界经济危机影响，丝业不景气。适逢此时国外寄来一张厂丝订

---

① 有关莫觞清、蔡声白的资料，主要来自中共上海市徐汇区湖南街道工作委员会、上海市徐汇区人民政府湖南路街道办事处编：《一个历史街区的文化记忆（1）》，上海教育出版社2017年版。另据蔡声白外孙女杨敏德组织编撰的《蔡声白先生传略》。

② 茅盾：《茅盾全集》第34卷，人民文学出版社，1997，第489页。

货单，莫觞清果断抛售 2000 担，这一举措让丝厂渡过了难关。《子夜》中吴荪甫的丝厂赶着工期为国外生产厂丝的情节，跟这一行内的"美谈"相类似。

这一时期茅盾的二叔沈永钦、三叔沈永钊和四叔沈永锠通过卢表叔的关系，分别成了上海交通银行或中央银行的职员。他们也让茅盾了解了外国资本、民族资本以及金融资本家、实业资本家和买办之间错综复杂的关系。为了转嫁危机，资本家加紧对工人的剥削。而工人的罢工斗争也方兴未艾。翻开报纸，整版都是经济不振、市场萧条、工厂倒闭、工人罢工的消息。蒋介石与冯玉祥、阎锡山正在津浦线上大战，世界经济危机又波及了上海。交易所是国内外政治、军事、经济形势的"晴雨表"。当年的上海被称为"冒险家的乐园"。那些操纵交易所的"冒险家"，从来不在交易所里露面，而是住在豪华饭店，带着情人或姨太太，出入交际场，用各种各样的手段操纵公债市场。在卢公馆，茅盾听说做公债投机的人曾以 30 万元买通冯玉祥部队，在津浦线上后撤 30 里，以蛊惑市场，投机多头者乘机牟取暴利。

茅盾又从共产党朋友那里得知南方各省的苏维埃红色政权正蓬勃发展，红军粉碎了蒋介石多次军事围剿，声威日增。彭德怀率领的红军一度攻占长沙，极大地振奋了人心。"这些消息虽只片段，但使我鼓舞。当时我就有积累这些材料，加以消化，写一部白色的都市和赤色的农村的交响曲的小说的想法。"[1]

二、《子夜》与 1930 年前后中国丝绸业的困境

《子夜》的叙事空间较为广阔，但叙事时间十分短促，只是 1930 年 5 月至 7 月。

当年中国丝绸业的困境，可以从小说中丝厂老板朱吟秋的牢骚中略见一斑：

"拿我们丝业而论，目今是可怜的很，四面围攻：工人要加工钱，外洋销路受日本丝的竞争，本国捐税太重，金融界对于放款又不肯通融！你想，成本重，销路不好，资本短绌，还有什么希望？我是想起来就灰心！"[2]

---

① 茅盾：《茅盾全集》第 34 卷，人民文学出版社，1997，第 481—482 页。
② 《中国新文化大系 1927—1937·第六集》，上海文艺出版社，1984，第 320 页。

1843年上海开埠，江南的手工蚕丝畅销欧洲，经销江南辑里湖丝的南浔丝商群体一度富可敌国。1868年日本明治维新以后，积极脱亚入欧，现代蚕丝业走在了中国的前面。甲午战争后，中国的有识之士努力向日本学习现代的养蚕业和机械缫丝工业。

在美国生丝进口市场上，1884年之前，中国生丝在数量上占优势。然而，从1885年开始，日本生丝的市场占有率就超过了中国。1900年以后，美国织绸业快速发展，不断增加的生丝量主要来自日本。1923年，日本发生了关东大地震，中国出口美国的生丝量回升到23.3%。次年，日本出口美国的生丝量迅速恢复。1928年，中国出口美国的生丝只占9.6%，而日本则高达89.2%。1929年，美国爆发经济危机。经济危机导致美国市场对中国和日本生丝的进口量下降。最致命的是生丝价格出现了断崖式下跌。这就导致了自1930年开始中国丝厂的全行业亏损。经济危机对中国生丝出口量造成显著影响，1930年和1931年影响较大，1932年和1933年则几乎骤降了一半。

外销受阻，是否可以扩大内需呢？

《子夜》写到黄奋和雷参谋都很好奇，中国的"厂经"为何专靠外洋的销路，中国的绸缎织造厂用的是什么丝？五云织绸厂老板陈君宜不太愿意回答。丝厂主朱吟秋代他作了回答：

> "他们用我们的次等货。近来连次等货也少用。他们用日本生丝和人造丝。我们的上等货就专靠法国和美国的销路，一向如此。这两年来，日本政府奖励生丝出口，丝茧两项，完全免税，日本丝在里昂和纽约的市场上就压倒了中国丝。"①

日本政府这种行为增强了日本生丝在国际市场的竞争力。而此时蒋介石疲于应付中原大战，顾不上中国生丝业的国际竞争。

对于国内绸厂主要用日本生丝和人造丝，陈君宜道出了织绸行业的苦衷：

---

① 《中国新文化大系1927—1937·第六集》，上海文艺出版社，1984，第321页。

"挽用些日本丝和人造丝，我们也是不得已。譬如朱吟翁的厂丝，他们成本重，丝价已经不小，可是到我们手里，每担丝还要纳税六十五元六角；各省土丝呢，近来也跟着涨价了，而且每担土丝纳税一百十一元六角九分，也是我们负担的。这还是单就原料而论。制成了绸缎，又有出产税，销场税，通过税，重重叠叠的捐税，几乎是货一动，跟着就来了税。自然羊毛出在羊身上，什么都有买客来负担去，但是销路可就减少了。我们厂家要维持销路，就不得不想法减轻成本，不得不挽用些价格比较便宜的原料品。……大家都说绸缎贵，可是我们厂家还是没有好处！"[①]

由此可见，中国的厂丝在 1930 年前后不仅在国际市场上竞争不过日本的厂丝，而且在国内市场同样竞争不过日本的厂丝。日本人造丝的倾销，更是挤占了国内厂丝少得可惜的市场份额。

茅盾的《子夜》努力把吴荪甫塑造成一位具有爱国情怀的民族资本家。面对 1930 年前后中国丝厂的困难，小说中的诗人范博文问丝厂主吴荪甫："荪甫，我就不懂你为什么定要办丝厂？发财的门路岂不是很多？"吴荪甫回答："中国的实业能够挽回金钱外溢的，就只有丝！"[②]

吴荪甫的爱国宣言，反而引出范博文的一大篇议论：

"是么！但是中国丝到了外洋，织成了绸缎，依然往中国销售。瑶姊和珊妹身上穿的，何尝不是中华国货的丝绸！上月我到杭州，看见十个绸机上倒有九个用的日本人造丝。本年上海输入的日本人造丝就有一万八千多包，价值九百八十余万大洋呢！而现在，厂丝欧销停滞，纽约市场又被日本夺去，你们都把丝囤在栈里。一面大叫厂丝无销路，一面本国织绸反用外国人造丝，这岂不是中国实业前途的矛盾！"

对于范博文所言国内丝厂"到外洋丝织厂内一转身仍复销到中国来"，吴荪

① 《中国新文化大系 1927—1937·第六集》，上海文艺出版社，1984，第 321—322 页。
② 《中国新文化大系 1927—1937·第六集》，上海文艺出版社，1984，第 415 页。

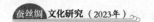

甫认为"应该由政府的主管部去设法补救"。①

茅盾的《子夜》要揭示中国经济的半殖民地性质，中国生丝的出口环节是很好的切入点。1930年前后，中国生丝出口仍控制在洋行手中。在法国里昂和美国纽约两大世界丝绸市场上，中国生丝的订单主要控制在洋行手中，远洋物流也是洋商控制的。反观日本，生丝的国际贸易和海运基本掌握在日本人自己手中。茅盾也许对这一块内容不太熟悉，就通过公债市场上吴荪甫与买办资本家赵伯韬的斗法来反映中国经济的半殖民地性质。

茅盾调研过的"丝业大王"莫觞清在生丝自营出口方面做过努力。他的实业从厂丝扩大到绸缎，加长了丝绸产业链，以提高抗风险能力。其女婿蔡声白加大绸厂先进设备的投入与海外先进纺织技术的引进，加上时尚的纹样设计与时装表演等营销，努力吸引来《子夜》中林佩瑶和林佩珊那样的都市高端客户。由此可见，"丝业大王"莫觞清与"绸业大王"蔡声白与1930年前后中国丝绸业的故事，远比《子夜》中的吴荪甫和陈君宜来得精彩与丰富。只是茅盾的"敏感点"不在于此。茅盾让吴荪甫把主要精力转移到公债市场去了。

三、《子夜》写成都市和乡村"交响曲"的可能性

1931年4月下旬，茅盾去瞿秋白处拜访，谈及《子夜》创作问题。随后瞿秋白因接到党组织被破坏、要他转移的通知，移住茅盾家避难，住了十多天。此时茅盾已写成《子夜》前四章的草稿。瞿秋白与茅盾讨论《子夜》创作问题，提了一些重要的意见。如对小说的结尾安排吴荪甫与赵伯韬在庐山握手言和，瞿秋白建议改为一胜一败。"这样更能强烈地突出工业资本家斗不过金融买办资本家，中国民族资产阶级是没有出路的。"②

茅盾在《〈子夜〉是怎样写成的》中写道：

当时我的野心很大，打算一方面写农村，另方面写都市。数年来农村经济的破产掀起了农民暴动的浪潮，因为农村的不安定，农村资金便向都市集中。

---

① 《中国新文化大系1927—1937·第六集》，上海文艺出版社，1984，第416页。
② 茅盾：《〈子夜〉是怎样写成的》，《战时青年》1939年第3期。

论理这本来可以使都市的工业发展，然而实际并不是这样，农村经济的破产大大地减低了农民的购买力，因而缩小了商品的市场，同时流在都市中的资金不但不能促进生产的发展，反而增添了市场的不安定性。流在都市的资金并未投入生产方面，而是投入投机市场。《子夜》的第三章便是描写这一事态的发端。我原来的计划是打算把这些事态发展下去，写一部农村与都市的"交响曲"。但是在写了前面的三四章以后，夏天便来了。天气特别热，一个多月的期间天天老是九十几度的天气。我的书房在三层楼上，尤其热不可耐，只得把工作暂时停顿。①

茅盾中断《子夜》的写作，除了天气太热，还有另一个原因：1931年5月下旬，他应冯雪峰的要求，担任"左联"行政书记。阳翰笙是当年与茅盾共事的"左联"党团书记，他在《时过子夜灯犹明——忆茅盾同志》一文中描述了当年的情景：

一九三〇年，他从日本回来，就参加了中国左翼作家联盟。后来我们推选他为"左联"的书记，那时，我是"左联"党团书记，在"左联"组织部工作。在"左联"时期，由于工作需要，雪峰同鲁迅先生接触多，我同茅盾同志接触多。我们经常到他家开小会，向他汇报，请他作决定；同时，党团决定的有些问题，也要通过他提出来，再交"左联"研究、讨论……②

茅盾搁下《子夜》的写作，专心于"左联"的日常工作。直到10月份，他觉得《子夜》的写作计划不能再拖了，便向冯雪峰请求辞去"左联"行政书记，没被批准，只好请长假。1932年1月，《子夜》已写成了一半。郑振铎将已完成的《子夜》部分篇章，以《夕阳》为题，编入《小说月报》第二十三卷新年号，署名"逃墨馆主"。因日本发动"一·二八"事变，炸毁了商务印书馆，新年号未能问世，《子夜》的连载计划就此搁浅。在小说出版以前，《子夜》的第二章和第四章，分别以《火山上》和《骚动》为题，发表于"左联"刊物《文学月报》创刊号

---

① 茅盾：《〈子夜〉是怎样写成的》，《战时青年》1939年第3期。
② 阳翰笙：《时过子夜灯犹明——忆茅盾同志》，《人民日报》1981年6月13日第8版。

和第 2 期，影响自然没有《小说月报》大。

1932 年 12 月 5 日，《子夜》全部脱稿。其间因生病、"一·二八"事变、天热，加上担任"左联"行政书记等，茅盾多次中断写作。1933 年 1 月，《子夜》由开明书店初版印行。4 月，又出了精装本。《子夜》出版后 3 个月内，重版 4 次；初版 3000 册，此后重版各为 5000 册；连向来不看新文学作品的资本家的少奶奶、大小姐，也争相阅读《子夜》。

瞿秋白署名"乐雯"，在 1933 年 3 月 12 日的《申报·自由谈》上发表《〈子夜〉和国货年》，及时介绍和评价了《子夜》：

这是中国第一部写实主义的成功的长篇小说。带着很明显的左拉的影响（左拉的"Largent"——《金钱》）。自然，它还有许多缺点，甚至于错误。然而应用真正的社会科学，在文艺上表现中国的社会关系和阶级关系，在《子夜》不能够不说是很大的成绩。茅盾不是左拉，他至少没有左拉那种蒲鲁东主义的蠢话。

……一九三三年在将来的文学史上，没有疑问的要记录《子夜》的出版；国货年呢，恐怕除出做《子夜》的滑稽陪衬以外，丝毫也没有别的用处！①

《子夜》是茅盾小说的巅峰之作，也是 20 世纪中国史诗类小说的代表作。日本学者筱田一士认为，就总括作品的既坚牢又自由变幻的空间状况形成来说，茅盾在同时代的中国作家中可谓最杰出的代表。他甚至把《子夜》列入 20 世纪世界十大文学巨著。②《子夜》全方位地描写了 1930 年春夏之交都市上海的政治、经济和风俗，成功塑造了民族资本家吴荪甫、买办资本家赵伯韬和金融资本家杜竹斋等人物形象，卓有成效地把现实的重大题材艺术地处理成史诗性的作品。捷克汉学家普实克指出："在世界上伟大作家的作品中，很少有像茅盾那样的一贯紧密地与当时的现实以及重要的政治和经济事件联系起来。茅盾的作品绝大多数取材于刚刚发生过的事情。当这些事情在他的同时代人头脑中所产生的第一印象还没有消失时，他已经将其融合到艺术作品中去了。"③

① 孙中田、查国华：《茅盾研究资料》（中），中国社会科学出版社，1983，第 226—227 页。
② 是永骏：《茅盾小说文体与 20 世纪现实主义》，《文学评论》1989 年第 4 期。
③ 雅罗斯拉夫·普实克：《普实克中国现代文学论文集》，李燕乔等译，湖南文艺出版社，1987，第 132 页。

　　然而不可否认，《子夜》是一部有明显缺陷的革命现实主义杰作。茅盾原计划要将其写成一部都市与农村的"交响曲"，小说的第四章写了吴荪甫家乡双桥镇的暴动，但这条线没有进行下去，造成了小说结构上的"半肢瘫痪"。茅盾喜爱的托尔斯泰在《安娜·卡列尼娜》中写了安娜在都市的婚恋和列文在乡村的探索，两条线索形成完美的拱形结构，是都市和农村"交响曲"的典范之作。《子夜》中的吴荪甫在上海有裕华丝厂和以他为首的益中信托公司，还要把家乡双桥镇经营成模范乡镇，这是都市和农村"交响曲"的极好的构架。然而，茅盾一上来就写暴动，犹如唱歌跑了调，无法再进行下去了。如果茅盾不痴迷"赤色""暴动"的乡镇，而切实描写自己熟悉的丝绸业重镇乌镇及其周围南浔、双林一带农村经济的破产和市镇商业的凋敝，《子夜》就有可能写成一部完美的都市与农村的"交响曲"。

　　自从 1930 年茅盾母亲回乌镇居住，茅盾每年年前都要回乌镇接母亲到上海过冬并过一个团圆年，春天时再把母亲送回乌镇。1932 年，由于受"一·二八"事变等的影响，他直到 5 月才送母亲回乌镇，还小住了几天。他把回乡见闻写成散文《故乡杂记》，次月起在《现代》连载。6 月 18 日写完《林家铺子》，7 月发表在俞颂华主编的《申报月刊》创刊号。8 月祖母去世，茅盾偕夫人孔德沚和两个孩子赴乌镇奔丧。祖母的丧事办得十分体面，茅盾见到了众多亲戚故旧，有了近距离观察体验乡镇生活的机会。11 月，《春蚕》发表于《现代》第 2 卷第 1 期。

　　茅盾在《我怎样写〈春蚕〉》中回忆，祖母是地主的女儿，喜欢在家里养春蚕。祖母养蚕的规模较小，"只不过十来斤'出火'而已，当然是玩玩的性质"，不过到老蚕时还要临时找专门女工来帮忙饲养。并非农家子弟的茅盾敢写小说《春蚕》，是因为儿时帮祖母养过春蚕，熟悉养蚕全过程。"我家有几代的'丫姑爷'常来走动，直到我们的大家庭告终。"[①] 茅盾在《故乡杂记》中就写到了其中一位丫姑爷。他到沈家来借钱，准备养春蚕。茅盾提醒他，近来丝厂日子都不好过，不建议养春蚕。这位丫姑爷表示养惯了蚕，今年还得继续养。散文中的丫姑爷并没有像《春蚕》中老通宝家那样春蚕大熟，不过养蚕也亏本了，只是没

---

① 茅盾:《我怎样写〈春蚕〉》，1945 年 10 月《青年知识》第 1 卷第 3 期。

有像老通宝那样富于戏剧性地大起大落。

茅盾的短篇小说《春蚕》写了老通宝家借债买桑叶养蚕的故事。江南小城镇早在明代就有了从事桑叶买卖的叶行，数百年间相沿成俗，形成一种具有期货性质的习俗"稍叶"。在叶行，现货交易和期货交易并举，带有很浓的资本主义商业色彩。

茅盾在《我怎样写〈春蚕〉》中说："每年蚕季，在我们镇上有'叶市'；这是一种投机市场，多头空头，跟做公债相差无几。而我的亲戚世交中有不少人是'叶市'的要角。一年一度的紧张悲乐，我是耳闻目睹的。"①据茅盾回忆，他写《子夜》里的公债市场，一部分经验就得自乌镇的叶行。

《春蚕》写老通宝借来30块钱，现稍了20担叶。清明时节老通宝稍叶时叶价为每担一块半，而到大眠时叶价就飞涨到每担4块钱。此时现买20担叶，需要80块钱。叶行操纵的桑叶市场，具有很强的投机色彩。

蚕桑丝绸生产所具有的商品经济性质，并不仅仅体现在从事桑叶买卖的叶行，涉及的其他商品买卖还有很多。养蚕需要桑架、蚕匾、蚕网、蚕筷、叶刀、火炉和木炭等，蚕农都要到小城镇购买。蚕种，不管是土种还是洋种，也是买卖的商品。茅盾的散文《香市》所写的乌镇香市，其实是四乡蚕农祈求蚕田丰收的专门性质的庙会。镇上商家都到香市去设摊，推销养蚕用品。

由于市镇发达的商业服务能力，茅盾的祖母能组织没有桑叶地的镇上人家饲养春蚕。《春蚕》中的老通宝是自给自足的自耕农，他们家只有一块能出15担桑叶的桑地，勉强能养活一张春蚕种。但老通宝对于自己家的养蚕技术比较自信，全家有他、阿四和阿多三个男性壮劳力，又有四大娘一位蚕妇，加上12岁的小小宝也能帮忙养蚕，算下来他们家的劳动力能够饲养三至五张蚕种。至于桑叶，可以通过小城镇上的叶行稍叶或现买。根据以往的经验，养蚕主要是技术和劳动力的投入，买桑叶来养蚕，一般总会赚钱的。老通宝组织全家买桑叶养蚕，既是一种家庭生产，又是一种商品生产。商业性的养蚕活动，让老通宝全家男女老少的劳动力都投入进来，以期获得丰厚的回报。

前面提到的散文《香市》，发表于1933年7月《申报月刊》第2卷第7号。

---

① 茅盾：《我怎样写〈春蚕〉》，1945年10月《青年知识》第1卷第3期。

旧时太湖流域的蚕农，清明前后会到杭州烧蚕香。乌镇附近的蚕农，从杭州回来，还要到乌镇的土地庙烧香，形成了香市。茅盾的散文描述了乌镇香市的今昔变化。过去的香市，茶棚、变戏法的、武技班，将社庙前五六十亩地的大广场挤得满满的；社庙里人们"祈神赐福""借佛游春"，要闹上半个月左右。20世纪30年代初，为了振兴市面而举行的香市，尽管有专门从上海来的南洋武术班，但生意萧条。伴随农村的破产而来的，是市镇商业的萧条。茅盾的《故乡杂记》也提到了香市。

与这两篇散文形成互文的，还有茅盾的散文《桑树》与《陌生人》。

茅盾的散文《桑树》开篇介绍了乌镇清明至谷雨期间香市的特殊商人——"桑秧客人"。春天是种植桑秧的时节，香市是与养蚕相关的专业性的集市，自然就吸引了来售卖桑苗的"桑秧客人"。他们的目标客户是乌镇四乡的蚕农。桑苗是通过桑籽播种培育出来的。自然生长的桑苗俗称野桑，根须发达，但桑叶细小，出叶率不高。桑苗经过移栽定植，主干长到比手指略粗才可以用家桑枝嫁接，成活后就成为家桑，桑叶厚大，出叶率高。茅盾在散文中把桑苗分为"桑秧一家子"："老大"不仅已嫁接过，而且已"腰"过一次头，长成两叉儿；"老二""老三"等则是大小不等的野桑苗；最末了的"老幺"是尚未定植的野桑苗，近百株扎成扫帚样一把。

《桑树》写到一位会打"远算盘"的自耕农黄财发。他花三毛钱买了两把"老幺"小苗，定植在一块用得半枯的地里。随后几年先是用河泥与草木灰来醒地，这也是为桑苗施有机肥。定植的桑树苗长到第四年才请人来嫁接成"家桑"，随后几年"腰头""开拳"，桑树才定型。黄财发经营了十年，这块有一百多棵桑树的地"就像一个壮健的女人似的"，能采三四十担桑叶，可惜茧价太贱，叶价更是贱得没人要。村上有人干脆砍掉桑树改种了桐乡的另一种特产——晒烟。尽管黄财发对这些健壮的桑树产生了感情，但他也只能学其他人，砍掉桑树改种晒烟，以求眼前利益。

上海开埠之后，江南开始了艰难的现代化历程。茅盾在散文《陌生人》中，把"肥田粉"和"洋蚕种"称为"陌生人中最有势力的"兄弟俩。乌镇有座土地庙，"乡下人认为这位土地老爷特别关心蚕桑，所以每年清明节后'嬉春祈蚕'

的所谓'香市'，一定在这土地庙里举行"。① 乌镇保卫团团总、乌镇商会会长黄振于 1930 年筹集资金，延聘蚕桑技师兴办乌青镇裕农蚕种制造场，培育出"金鸡牌"洋蚕种。这家蚕种制造场就开办在土地庙里。散文《陌生人》描述道：

> 庙里的一间大厅被派作"改良种"的养育场。墙上糊了白纸，雕刻着全部《三国演义》的长窗上半截都换了玻璃，几个学生模样的青年男女在那里忙着。所谓村长也者，散着传单，告诉乡下人道："官府卖蚕种了，是洋种！要蚕好，去买洋种罢！"乡下人自然不去理睬这个"陌生人"。但是后来卖茧了，听说洋种茧一担要贵上十多块，乡下人心里不能不动了。于是就有几个猴子脾气的乡下人从土地老爷驾下转变到"陌生人"手里了……这"陌生人"的势力却一天一天强大，因为它有靠山：一是茧厂规定洋种茧价比土种贵上三四成，二是它有保护，下了一记"杀手铜"，取缔土种。②

传统养蚕，都是蚕农自家育种。当然也有些育种专业户，育了蚕种卖给养蚕的农家。这种蚕种俗称土种。土法育种没有现代消毒杀菌等工序，蚕虫的抗病能力较差。1898 年，杭州知府林启筹集官款，在杭州西湖金沙滩建立了浙江蚕学馆，聘请日本教习，编辑蚕桑学教材，开启了近代蚕桑教育的先河。蚕学馆努力培养蚕桑技术人员，培育抗病力强的改良种。

从政治经济学角度来看，灾难往往是弱势群体之灾。在灾难面前，强势群体往往具有较强的救灾、减灾能力和转嫁灾难的能力。他们有能力减轻或加剧弱势群体的灾难。弱势群体往往是指某一地区的某一阶层，有时也指在国际舞台上的弱势国家。20 世纪 30 年代初，世界经济危机时期，强势国家就设法向弱势国家转嫁灾难。如日本靠着科技进步和政府补助，其生丝在国际市场上完全击败中国生丝，造成了中国生丝产业的全行业亏损。中国政府没有采取行之有效的应对之策，生丝生产经营者就把损失转嫁到更为弱势的缫丝工人与蚕农身上。《春蚕》中老通宝一家春蚕丰收，最终却丰收成灾。茅盾在描写老通宝一家的灾难时，又加进了叶行操纵叶价，让老通宝举债买桑叶，进一步加剧了老

---

① 茅盾：《陌生人》，1933 年 8 月 15 日《申报月刊》第 2 卷第 8 期。
② 茅盾：《陌生人》，1933 年 8 月 15 日《申报月刊》第 2 卷第 8 期。

通宝一家的悲剧命运。

对于洋货带来的灾难，老通宝并没有清醒的认识。他只是凭着直觉，自从内河里出现了小火轮，各种洋货深入乡村，农民辛辛苦苦生产出来的农产品一天比一天不值钱。老通宝只是本能地排斥洋货，并没有意识到由洋货转嫁来的风险。镇上的小陈老爷告诉老通宝外洋厂丝不好销，劝他少养或别养春蚕，但他还是不信白花花的蚕茧会没人要。

茅盾的其他小说，如《林家铺子》《多角关系》《当铺前》等，作为乡镇题材作品，与《子夜》里的都市形成都市与乡村的"交响曲"。另外，像前面提到过的莫觞清、蔡声白等上海滩的丝厂、绸厂大老板，为了规避都市产业工人大罢工，想方设法到小城镇租赁丝厂、绸厂设备来生产厂丝、绸缎，也是值得书写的乡镇题材。

（作者单位：湖州师范学院）

蚕丝绸文化研究中人文内涵的拓展

—— 黄庭坚诗歌中蚕丝绸意象的启示

杨庆存　郑倩茹

　　蚕丝绸文化是人类文明发展的重要标志，更是中华优秀传统文化的典型代表。众所周知，中国是蚕丝绸文化的重要发祥地，中国蚕丝绸文化不仅集中体现了"以人为本""天人合一""尊道贵德"的思想理念，体现了强大的创造力与智慧，而且促进了人类文明发展的历史进程，成为展示中华文化影响力的金字招牌。深入研究中国蚕丝绸文化，是深刻认识中华民族之根与文化之魂的重要途径，也是发扬光大中华优秀传统文化和建设时代新文化的重要途径。

　　文学作品文本中保存着丰富的蚕丝绸文化信息，通过考察和研究不同时代的文学作品，就可以看到不同时期蚕丝绸文化的发展与变化。本文重点考察黄庭坚诗歌中的蚕丝绸意象。

　　黄庭坚生活的北宋时期，是中国古代文化的繁荣兴盛期，而黄庭坚是宋代最大诗歌流派江西诗派的开山鼻祖，也是宋代文化的杰出代表。黄庭坚不仅诗歌成就卓越，还是著名书法家。细读《黄庭坚全集》，在目前传世的诗歌中，确有丰富的蚕丝绸文化信息。然而，这些信息在作品中呈现的形式与状态，却往往令读者疑惑，甚至费解。

　　一是单一向度与纯粹平面表现蚕丝绸文化内容的作品少。黄庭坚目前传世的文学作品有 5000 多篇（首），其中诗词有 2400 多首，涉及蚕丝绸文化的诗歌近百篇，数量不能说不多，但纯粹直接描写蚕丝绸文化内容的作品屈指可数。

中国社会科学院郑永晓整理的《黄庭坚全集辑校编年》以"蚕"为题目的作品仅有一篇，尚不知道写于何时：

蚕

奕奕春晴爽气干，红蚕迎晓浴波澜。

方看嫩叶垂青箔，忽觉柔丝满白盘。

作茧岂尝徒己利，杀身终只为人寒。

莫将檐外蜘蛛比，贪腹徒然似弹丸。[①]

这首诗围绕"红蚕"（即将要作茧的老蚕）展开描写与议论。前四句以轻松欢快的格调，描绘在阳光明媚的美好春天里，即将成熟的"红蚕"在清晨吞食桑叶的情景，让人禁不住憧憬那"柔丝满白盘"的丰收喜悦。后四句议论"红蚕"吐丝成茧，为人类温暖生活提供重要资源。诗的结尾采用对比手法，以满足"贪腹"私欲而伤害自然界小生灵的"檐外蜘蛛"作反衬，赞美蚕的奉献精神与高尚品格。全诗立意在于赞美蚕的奉献精神。

黄庭坚晚年创作的《题石恪画机织图》是一首题画诗：

题石恪画机织图

荷锄郎在田，行饷儿未返。

终日弄鸣机，恤纬不思远。[②]

这幅画的作者石恪，生活在唐五代末与北宋初期，机织是图画表现的基本内容，而表现的重点与核心则是画中的织女。这首五言绝句以自然朴实的语言，生动描述了画面呈现的内容，将"终日弄鸣机"的织女作为画面的重心，表现她不辞辛苦的勤劳贤淑与"恤纬不思远"的专注。画面远处在田间劳作的丈夫，以及到田间送饭还没有回家的儿子，都成为烘托与陪衬织女的人物。由此，画面呈现出生活气息浓厚、祥和生动的农家乐场面。意境清新，人情味与亲情味

---

① 黄庭坚著，郑永晓整理：《黄庭坚全集辑校编年》下册，江西人民出版社，2011，第1318页。

② 黄庭坚著，郑永晓整理：《黄庭坚全集辑校编年》中册，江西人民出版社，2011，第905页。

十分浓厚。这里没有以往表现织女悲苦辛酸的批判情调，而体现出社会安宁的状态。

黄庭坚于英宗治平二年（1065）创作了组诗《古乐府白纻四时歌四首》。白纻是白色苎麻所织的夏布，有时也用来泛指丝麻织物。

古乐府白纻四时歌　其二

日晴桑叶绿宛宛，春蚕忽忽都成茧。

缫车宛转头绪多，相思如此心乱何。

少年志愿不成就，故年主人且恩旧。

及河之清八月来，斗酒聊为社公寿。①

这首诗的前四句是作品内容的主体与关键，以蚕丝生产过程的重要节点表现蚕丝绸文化的主要特点。后四句与组诗其他三首文字大体相同，是采用重章叠句形式来表现祭祀土地神的庄重仪式。

黄庭坚晚年（1101）创作的《鹊桥仙·席上赋七夕》，是融合中国古老神话传说牛郎织女的故事与民间乞巧习俗创作写成，文化底蕴极其深厚：

鹊桥仙·席上赋七夕

朱楼彩舫，浮瓜沈李，报答风光有处。一年尊酒暂时同，别泪作、人间晓雨。　鸳鸯机综，能令侬巧，也待乘槎仙去。若逢海上白头翁，共一访、痴牛騃女。②

上片开头一句描述人们为欢度七夕布置的场景；其后一句写牛郎织女鹊桥相会。"鸳鸯"一句，暗用晋代张华《博物志·杂说下》关于"有居海渚者，年年八月有浮槎"，在天上"遥望宫中多织妇，见一丈夫牵牛渚次饮之"③的神话传说，以及晋代干宝《搜神记》关于"至蚕时，有神女夜至，助客养蚕……缫讫，

---

① 黄庭坚著，郑永晓整理：《黄庭坚全集辑校编年》上册，江西人民出版社，2011，第15页。

② 黄庭坚著，郑永晓整理：《黄庭坚全集辑校编年》中册，江西人民出版社，2011，第1079页。

③ 张华：《博物志》卷十，中华书局，1985，第19页。

女与客俱仙去，莫知所如"①的典故，表现民间少女"乞巧"的由来。"若逢"一句以回应全篇内容的形式表达美好的愿望，"白头翁"就是"浮槎去来"者，而"痴牛騃女"就是神话传说中的牛郎与织女。这首词以织女为核心，虽然看不到织女的意象，也没有桑、蚕、茧、缫丝、织锦之类关于蚕丝绸文化的内容，但其中暗含丰富的蚕丝绸文化元素。

二是散金碎玉式表现蚕丝绸文化的精彩诗句随处可见。在黄庭坚目前传世的文学作品中，如上列举的相对集中完整表现蚕丝绸文化的作品很少，但是并不缺乏散金碎玉式表现蚕丝绸文化的精彩诗句。比如，黄庭坚诗歌中有不少涉及桑蚕劳作景象的句子："田园恰恰值春忙""坚垒委蛇女采桑"②（《同孙不愚过昆阳》）、"清风源里有人家，牛羊在山亦桑麻"③（《上大蒙笼》）、"劝课农桑诚有道""看取春郊处处田"④（《送顾子敦赴河东三首》其一）、"使民皆农桑，乃是真儒耳"⑤（《次韵子瞻顾子敦河北都运二首》其一）等等。也有不少描写桑蚕自然景色的句子："秋千门巷火新改，桑柘田园春向分"⑥（《道中寄公寿》）、"麦根肥润桑叶大，春垄未鉏蚕未眠"⑦（《次韵舍弟喜雨》）、"壁虫忧寒来，催妇织衣著"⑧（《读方言》）、"袖手南山雨，辋川桑柘秋"⑨（《摩诘画》）、"陵陂青青麦，烟雨润桑麻"⑩（《寄耿令几父过新堂邑作乃几父旧治之地》）、"厥田惟上上，桑麻十数州"⑪（《钱子敦席上奉同孔经父八韵》）等等。这些诗句语言直白朴实，没有复杂难懂的深层含意。

三是包含大量以蚕丝绸文化为基础的蕴含丰富人文内涵的诗句。此类现象值得特别注意和深入思考。在黄庭坚的诗歌作品中，出现了大量关于蚕丝绸文化的词语，其背后包含着深刻的人文内涵。比如，"君材蜀锦三千丈，要在刀

---

① 干宝撰，汪绍楹校注:《搜神记》卷一，中华书局，1979，第14页。
② 黄庭坚著，郑永晓整理:《黄庭坚全集辑校编年》上册，江西人民出版社，2011，第59页。
③ 黄庭坚著，郑永晓整理:《黄庭坚全集辑校编年》上册，江西人民出版社，2011，第278页。
④ 黄庭坚著，郑永晓整理:《黄庭坚全集辑校编年》上册，江西人民出版社，2011，第433页。
⑤ 黄庭坚著，郑永晓整理:《黄庭坚全集辑校编年》上册，江西人民出版社，2011，第462页。
⑥ 黄庭坚著，郑永晓整理:《黄庭坚全集辑校编年》上册，江西人民出版社，2011，第94页。
⑦ 黄庭坚著，郑永晓整理:《黄庭坚全集辑校编年》上册，江西人民出版社，2011，第319页。
⑧ 黄庭坚著，郑永晓整理:《黄庭坚全集辑校编年》上册，江西人民出版社，2011，第324页。
⑨ 黄庭坚著，郑永晓整理:《黄庭坚全集辑校编年》上册，江西人民出版社，2011，第339页。
⑩ 黄庭坚著，郑永晓整理:《黄庭坚全集辑校编年》上册，江西人民出版社，2011，第378页。
⑪ 黄庭坚著，郑永晓整理:《黄庭坚全集辑校编年》上册，江西人民出版社，2011，第463页。

尺成衣衾"①（《次韵答张沙河》），"蜀锦"在漂亮珍贵的本义基础上，延伸出难得的稀缺人才的比喻意；"丝乱犹可理，心乱不可治"②（《八音歌赠晁尧民》），将"丝"与"心"对举，前者为物理状态，后者乃重在精神层面；"晏子与人交，风义盛激昂。两公盛才力，宫锦丽文章"③（《同王稚川晏叔原饭寂照房》），以"宫锦"来比喻文章的高雅华丽、文采斐然；"衣箧丽纨绮，有待乃芬芳。当念真富贵，自薰知见香"④（《贾天锡惠宝薰乞诗多以兵卫森画戟燕寝凝清香》）中"纨绮"泛指精美丝织品；"晓日成霞张锦绮，青林多露缀珠缨"⑤（《题安福李令朝华亭》），以"锦绮"比喻朝霞的美丽；"平生湖海鱼竿手，强学来操制锦刀"⑥（《奉答固道》）之"锦"喻指富有文采的文章；"王子吐佳句，如茧丝出盆"⑦（《次韵子瞻赠王定国》）以出盆"茧丝"比喻"佳句"的清新精彩。"桑蚕作茧自缠裹，蛛蝥结网工遮逻"⑧（《演雅》）、"丝成茧自缚，智成龟自囚"⑨（《古意赠郑彦能八音歌》）、"文人古来例寒饿，安得野蚕成茧天雨粟"⑩（《戏和于寺丞乞王醇老米》）、"我老倦多故，心期马少游。愿为春眠蚕，吐丝自绸缪"⑪（《次韵章禹直魏道辅赠答之诗》）、"园客茧丝抽万绪，蛛蝥网面罩群飞"⑫（《次韵雨丝云鹤二首》其一）、"经纶自封植，岂不如春蚕"⑬（《送醇父归蔡》）等等，都是把自然界中桑、蚕丝等与人世间情理相结合，具有鲜明的创新性，体现出深刻的思想性与高度的艺术性。

黄庭坚涉及蚕丝绸文化意象的诗歌，暗含着当时文学发展的大趋势与新思潮，即诗歌在表现人文内涵方面的日益丰富与不断深化。

---

① 黄庭坚著，郑永晓整理：《黄庭坚全集辑校编年》上册，江西人民出版社，2011，第162页。
② 黄庭坚著，郑永晓整理：《黄庭坚全集辑校编年》上册，江西人民出版社，2011，第166页。
③ 黄庭坚著，郑永晓整理：《黄庭坚全集辑校编年》上册，江西人民出版社，2011，第203页。
④ 黄庭坚著，郑永晓整理：《黄庭坚全集辑校编年》上册，江西人民出版社，2011，第440页。
⑤ 黄庭坚著，郑永晓整理：《黄庭坚全集辑校编年》上册，江西人民出版社，2011，第285页。
⑥ 黄庭坚著，郑永晓整理：《黄庭坚全集辑校编年》上册，江西人民出版社，2011，第320页。
⑦ 黄庭坚著，郑永晓整理：《黄庭坚全集辑校编年》上册，江西人民出版社，2011，第418页。
⑧ 黄庭坚著，郑永晓整理：《黄庭坚全集辑校编年》上册，江西人民出版社，2011，第318页。
⑨ 黄庭坚著，郑永晓整理：《黄庭坚全集辑校编年》上册，江西人民出版社，2011，第435页。
⑩ 黄庭坚著，郑永晓整理：《黄庭坚全集辑校编年》上册，江西人民出版社，2011，第335页。
⑪ 黄庭坚著，郑永晓整理：《黄庭坚全集辑校编年》上册，江西人民出版社，2011，第341页。
⑫ 黄庭坚著，郑永晓整理：《黄庭坚全集辑校编年》中册，江西人民出版社，2011，第857页。
⑬ 黄庭坚著，郑永晓整理：《黄庭坚全集辑校编年》中册，江西人民出版社，2011，第869页。

衣与食是人类生存、文明发展的物质基础，蚕丝绸是人类生活的重要资源，蚕丝绸文化的发展是人类实践的智慧结晶与人类创造力的具体表现，其中蕴含着丰富深刻的人文内涵。黄庭坚诗歌中的蚕丝绸意象是一个很好的例证，也为蚕丝绸文化研究提供了深刻启示：一是要着眼于人类命运共同体的大格局，从人类文明发展的历史高度认识和研究蚕丝绸文化。二是要立足于中华民族的历史实践，在中华文化的背景下立体式探讨中国蚕丝绸文化的起源、民族特色及其深广影响。三是要以蚕丝绸文化研究为基础，不断从价值观念、文化理论与发展规律等方面，拓展和深化其人文内涵的研究，逐渐形成蚕丝绸文化"形而上"与"形而下"紧密结合且相对完整的研究体系。四是要结合时代发展与科技进步，倡导跨学科、跨领域的前瞻性研究，不能停留在历史梳理与现象研究层面。五是要努力将学术研究与技术实操相结合，将成果宣传与大众普及相结合，抓住历史机遇，结合国家政策，真正打造一个立足长三角、面向全中国、影响全世界的蚕丝绸文化研究共同体。

（作者单位：上海交通大学，宁夏大学）

13世纪的丝绸生产与消费

——以《马可·波罗游记》[①]为核心考察对象

邱栋容　邱江宁

　　13世纪是蒙古人崛起并征服世界的时代。蒙古人凭借强大的武力和智慧的战术，一路西征，建立起了横跨欧亚大陆、疆域空前的蒙古帝国，并打造了比较完善的驿站制度，将整个欧亚连接在一起。马可·波罗（Marco Polo）正是在此时段，借助海陆丝绸之路，较为完整地穿行了13世纪的东西方世界，并留下了重要的丝路纪行作品《马可·波罗游记》。在《马可·波罗游记》中，马可·波罗以格外敏锐的商人视角，细致观察了沿途各地区的贸易商业活动，尤其对以丝绸为主的布料织品给予了很多关注。本文将对《马可·波罗游记》中有关各地区丝绸等织品的生产、加工、销售及消费情况的记载进行梳理，以探究当时世界布料产销的大致情形。

一、13世纪的世界格局与《马可·波罗游记》

　　人类历史上疆域空前的蒙古帝国横跨欧亚，东起今太平洋之滨，南邻印度，西接东地中海的伊斯兰、基督教世界。"'世界'的世界化和中国的扩大化——这两个都可说是从蒙古时代开始的世界史上重大现象。"[②]处在蒙古征服道路上的国家，都不得不正视这一事实：世界的体系已经被打开。

---

① 马可·波罗口述：《马可·波罗游记》，鲁斯蒂谦诺笔录，余前帆译注，中国书籍出版社，2010。
② 杉山正明：《游牧民的世界史》，黄美蓉译，北京时代华文书局，2020，第236页。

　　蒙古统治者对财货的贪求不加掩饰，格外注重商业发展。在各大汗国的治理下，低关税政策的推出与中间商盘剥的削减，极大地减少了各国商人们的贸易成本。征战伊始，蒙古人便重视在境内建设驿站，以将广大的国土连接起来，使得庞大的帝国形成后，"四方往来之使，止则有馆舍，顿则有供帐，饥渴则有饮食，而梯航毕达，海宇会同，元之天下，视前代所以为极盛也"①。通达"天下"的驿站配合精细的管理制度，为道路上来往的旅者提供了便利的设施与安全保障。14世纪的旅行家伊本·白图泰评价道："在中国旅行是最安全不过的。中国是世界上最安定的国度。旅行者即使身怀巨款，单身行程九个月，也不会担惊受怕。"②借助蒙古人在欧亚间建设的稳定商道，商人、旅行家、传教士在东西通道间频繁来往、络绎不绝，从而带动了13世纪的经济活动从各地区、体系的小范围交易运行，转向体系间交互流转的世界贸易，"蒙古人成了全球化的最早的践行者"③。

　　来自威尼斯的马可·波罗，正是通过蒙古人所开拓的海陆丝绸之路，较为完整地穿行了东西方世界。在所有的13—14世纪的丝路纪行作品中，《马可·波罗游记》的影响最大，自1298年问世以来，便成为西方世界发行最广、影响最大的书籍之一。其"以地理图集的形式叙述"④，通过行程见闻，将当时世界所有已知地区的概貌清晰地呈现出来。尤其是书中对中国各地区详细生动的记录，几乎是欧洲人了解中国的唯一渠道。马可·波罗对中国的富庶繁华予以浓墨重彩的描述，使得中国的形象在当时欧洲人的眼中变得无比耀目。《马可·波罗游记》不仅在冲击欧洲人的世界观上意义重大，还具有穿越时代的影响力。15世纪的意大利航海家哥伦布是《马可·波罗游记》的忠实读者，他在阅读过的书页空白处留下了近百处眉批。⑤正是受到《马可·波罗游记》的影响，哥伦布踏上了发

① 宋濂等：《元史》卷一〇一《兵志四》，中华书局编辑部点校，中华书局，1976，第2583页。
② 伊本·白图泰口述：《异境奇观——伊本·白图泰游记》，伊本·朱凯笔录，阿卜杜勒·哈迪·塔奇校订，李光斌翻译，马贤审校，海洋出版社，2008，第542页。
③ 劳伦斯·贝尔格林：《丝绸、瓷器与人间天堂》，周侠译，新世界出版社，2022，第95页。
④ 珍妮特·L.阿布－卢格霍德：《欧洲霸权之前：1250—1350年的世界体系》，杜宪兵、何美兰、武逸天译，商务印书馆，2015，第35页。
⑤ Felipe Fermandez-Armesto, *Columbus*, New York:Oxford University Press, 1991, pp.23, 36-37. Jonathan D. Spence, *The Chan's Great Continent: China in Western Minds*, New York: W.W. Norton Company, 1998, p17.

现"大汗之国"的航程。一直到 19 世纪，《马可·波罗游记》仍然是西方介绍中国、研究中国最常参考、引用的书①。

从《马可·波罗游记》中能够看到，威尼斯商人世家出身的马可·波罗对 13 世纪被打通的世界展现出了如鱼得水的适应性。每经过一个城市，他都能以商人的敏锐嗅觉，快速精准地捕捉到当地生产、交易的主要物品。他对以丝绸为主的布料尤为关注，所经地区但凡有涉及生产或销售生丝、丝绸或棉布、皮毛的情况，都被他记录在了《马可·波罗游记》当中。本文试图通过梳理《马可·波罗游记》中各地区纺织品的产销情况，复原出马可·波罗时代的丝绸生产贸易网络，以探求 13 世纪人们眼中的广阔世界格局与多元文化参与下的世界化经济活动。

二、西亚、印度及俄罗斯地区的布料产销

从欧亚大陆各国因战争、商贸而开始联通，丝绸就是洲际贸易的主要商品。而对于 13 世纪世界的主导者蒙古人来说，丝绸质量好、价值高且轻便易携，非常适合作为游牧民族逐水草而居时携带的贴身财物。而且，在游牧文化里，以丝织品织成的精美衣裳逐渐成为权力等级的象征。因而，在蒙古的推动下，丝织品的生产和交易迎来了繁荣期。威尼斯和热那亚作为 13—14 世纪欧洲两大经济重镇，最能反映当时世界的市场动向，热那亚一位无名诗人曾在诗中写道："城市的财富完全依靠来自东方的货物"，其中就包括锦缎、丝绒、金锦等布料。② 马可·波罗对丝织品的热切关注，极可能是受到家乡的布料进口与贩卖热潮的影响。在《马可·波罗游记》第一卷、第三卷和第四卷中，他分别记述了西亚、印度及俄罗斯地区的布料生产与销售情况。

马可·波罗从威尼斯出发，首先到达西亚。根据他的观察，生产丝绸的地区有：突厥蛮尼亚（Turkomania）、谷儿只（Zorzania）、第比利斯（Tiflis）、毛夕里（Mosul）、报达（Baudas）、桃里寺（Tauris）、亚兹德（Yasdi）、起儿漫国

---

① 欧阳哲生：《马可·波罗眼中的元大都》，《中国高校社会科学》2016 年第 1 期，第 114 页。
② 转引自彼得·弗兰科潘：《丝绸之路：一部全新的世界史》，邵旭东、孙芳译，浙江大学出版社，2016，第 150 页。

（Kierman）、天德地区（Tenduk）。生产棉布的地区则有：埃尔津詹（Arzingan）、穆什（Mus）、马儿丁（Maredin）。在塔里寒寨堡（Thaikan），因当地的猎手善于狩猎，居民都身穿兽皮制作的衣鞋，还会做各种毛皮加工的活。丝绸是西亚的主要纺织品，并且大部分地区都会在织作时，加入金线混纺作为纹样装饰。马可·波罗还发现，在报达和起儿漫的织品上，绣有许多具有地域特色的飞禽走兽图案。以丝绸为主的布料是西亚居民织造衣冠服饰、家居装饰的重要材料，他们将布料剪裁制作成服饰、寝帐、床单。

马可·波罗并没有对当地居民的丝绸使用情况做过多的描绘，而是更关注丝绸等布料的进出口情况。他在《马可·波罗游记》中记载了5座位于西亚的重要城市：

1. 巴库海（Abaku）：热那亚商人最近已经开始在这片大海中航行了。他们从那里带来一种叫做吉兰丝（ghellie）的丝绸。

2. 亚兹德（Yasdi）：出产一种金丝绸缎叫做雅丝涤（yasdi）。商人们从这里发货销往世界各地。

3. 拉亚苏兹港（Sebastoz）：是来自威尼斯（Venice）、热那亚（Genoa）和其他各地商贾云集的港口。这些商家主要是进行香料、药材、丝绸、毛纺织品，以及其他珍贵商品的交易。

4. 桃里寺（Tauris）：纺织各式各样的丝绸，其中一些是用金丝混织而成，价格昂贵。此城地理位置十分优越，是各地的商人云集地，做着各种商品买卖。

5. 忽里模子（Ormus）：城市港口云集来自印度各地的商人，他们贩运来香料、药材、宝石、珍珠、金锦、象牙等各种各样的商品。他们将这些商品卖给其他商人，再由这些商人销往世界各地。①

从马可·波罗的描述中可以得知，这些城市是西亚的丝绸出口地，海外的商人购入当地织造的特色丝绸，并将其销往世界各地。当地的港口和集市汇聚了各种各样的国际商品，为云集至此的商人提供了稳定便利的国际贸易平台。丝

---

① 马可·波罗口述：《马可·波罗游记》，鲁斯蒂谦诺笔录，余前帆译注，中国书籍出版社，2010，第28—29、35、46、55、61页。

绸在这几座城市中都是重要的贸易商品。

来自威尼斯和热那亚的欧洲商人们，将西亚生产的丝绸带回欧洲或者再销往别处。在攫取巨额利益的同时，这些欧洲商人在历史上起到了穿针引线的作用，通过满足各地区布料的供求关系，将整个世界联结在了一起。

马可·波罗游历中国时，曾到达临近印度的朋加剌地区（Bangala）。多年后，马可·波罗从泉州出发，经由海上丝绸之路返回家乡的途中，深入游历了印度及其周边的沿海地区。关于南亚地区的布料及其原材料的生产情况，他有如下的记录：

1. 朋加剌王国（Bangala），这个国家种植了大量的棉花，棉花贸易也很发达。

2. 拔肥离王国（Murphili），这个国家生产的棉布质量最优，在印度各地都能见到。

3. 八罗孛王国（Malabar）：这个王国织造最为优质和精美的棉布，这种棉布行销到了世界各地。来自蛮子的船只，用金锦、丝绸、薄纱、金条银条及很多八罗孛见不到的药材来换取此地的日用品。

4. 胡荼辣国（Guzerat）：棉花的产量很高，这里的棉花长在一种高达六码的树上。这种树的树龄可达二十年。但是采摘自二十年树龄的棉花不适于纺纱，只能用来做被褥。反之，采自十二年树龄的棉花，适合用来纺织么斯布和其他精美的纺织品。这里加工大量的羊皮、水牛皮、野牛皮、犀牛皮和其他动物的皮革，并装船运往阿拉伯各地……此地还生产金丝刺绣的鸟兽图案的垫子……这里的刺绣品比世界上任何地方的都更加精美。

5. 甘琶逸王国（Kambaia）：棉布和棉毛织物的产量也非常巨大。大量精加工的皮革由这里出口，换回的是金、银、铜和锌。[①]

棉花是南亚布料的主要原料，且产量巨大、质量优良。"在欧亚大陆最西端的边缘，没有棉花的世界存在了很长时间。这个地方就是欧洲。直到19世纪，

---

① 马可·波罗口述:《马可·波罗游记》，鲁斯蒂谦诺笔录，余前帆译注，中国书籍出版社，2010，第287、445、458、459-460、462页。

棉花尽管不是未知的，但在欧洲纺织品的制造和消费中仍处于边缘位置。"① 可以想象，印度棉花种植、收割的情形，给予了马可·波罗怎样的震撼。印度在13世纪是世界贸易的活跃参与者，向外大量出口棉布。

《马可·波罗游记》第四卷记载了俄罗斯的情况。当地天气寒冷，只有动物的皮毛才能够起到御寒的作用，"此地出产大量白鼬、艾虎、紫貂、貂鼠、狐狸和其他这一类动物的皮毛"②。与俄罗斯相邻的列兹吉亚(Lac)，也同样"出产大量优质的皮毛"，并"由商人们销往各地"。③ 马可·波罗曾在哈察木敦的行猎帷帐中看到用雪貂皮、紫貂皮所做的穹庐和寝帐。④ 俄罗斯当时正处于在金帐汗国的统治下，与中国也存在着贸易关系，蒙古人所使用的皮毛很可能出产于此处。

三、元朝中国的生丝与布料生产

丝绸之路诞生之初，中国就是国际丝绸贸易的主体国家。马可·波罗在游历过程中，细致观察了中国各地的丝绸生产情况。他发现，许多地方都设有丝绸作坊，进行丝织品的批量生产，还有很多城市负责生产原材料。马可·波罗记录了出产生丝的城市：太原府（今山西省太原市）、平阳府（今山西省临汾市）、河中府（今山西省蒲州镇）、京兆府（今陕西省西安市）、河间府（今河北省河间市）、东平府（今山东省东平市）、宝应镇（今江苏省宝应县）、汴梁地区（今河南省开封市）、襄阳府（今湖北省襄樊市襄城区）、常州城（今江苏省常州市）、苏州城（今江苏省苏州市）、嘉兴（今浙江省嘉兴市）、长安（今浙江海宁长安镇）、建宁府城（今福建省建瓯市）、侯官（今福建省闽侯县城甘蔗镇）。

欧洲人非常熟悉丝绸，但蚕和桑树对于他们来说却完全是新鲜事物。"在古代，由于人们一致把养蚕业当作是商业秘密，所以数百年来，欧洲人对丝绸的

---

① 斯文·贝克特：《棉花帝国：一部资本主义全球史》，徐轶杰、杨燕译，民主与建设出版社，2019，第5页。
② 马可·波罗口述：《马可·波罗游记》，鲁斯蒂谦诺笔录，余前帆译注，中国书籍出版社，2010，第527页。
③ 马可·波罗口述：《马可·波罗游记》，鲁斯蒂谦诺笔录，余前帆译注，中国书籍出版社，2010，第532页。
④ 马可·波罗口述：《马可·波罗游记》，鲁斯蒂谦诺笔录，余前帆译注，中国书籍出版社，2010，第213页。

制作流程和工艺始终一无所知。"① 因此，马可·波罗每到一座拥有蚕业的城市，总是以惊叹的口吻来描绘当地生丝产业。"（太原府）这里还生长着许多桑树，桑叶可供居民大量养蚕取丝"。"（河中府周边的城市和商业集镇）园中和田埂上种植了大量用来养蚕制丝的桑树"。"（东平府）这里的生丝产量十分巨大"。"（侯官）这一带盛产丝，并且大量输往外地"。② 可见中国巨大的生丝产量，给了这位商人强烈的震撼。

元代桑蚕业的兴盛，得益于蒙古统治者对蚕桑业的格外重视。至元七年（1270）元朝设立司农司，"不治他事，而专以劝课农桑为务。行之五六年，功效大着。民间垦辟种艺之业，增前数倍"③。至元十年（1273），司农司编撰的《农桑辑要》颁行天下，其中有"栽桑""养蚕"二门，专授民以桑蚕之术。重视农桑、推广技艺的政策措施，为宋元战后衰退的蚕桑业注入了新的活力。就像马可·波罗记载的那样，中国华北、西北、西南、华南、江南等地区，都有大量的生丝、丝织品出产，黄河中下游和长江下游地区的蚕业格外繁盛。戴表元诗曰："水水鱼肥供白鲊，家家蚕熟衣红丝"④"渔迹惨收山市闹，蚕乡丝熟海商来"⑤，记录的正是当时江南蚕业欣欣向荣的景象。

大规模蚕丝生产景观的背后，也有蒙古统治者的贪婪在推波助澜。《元史·食货志》载，"科差之名有二：曰丝料，曰包银"⑥，其中还记载了某几年的科差总数，至元三年（1266），征收的丝料已经达到了105326226斤，此时蒙古甚至尚未收服江南。元代在北方设置"五户丝"的征税制度，在南方则通过夏税征收丝料织品。江浙地区是元代丝业最为发达的地区，同时也是朝廷贡赋负担最重的地区，每年上交的蚕丝数量位居全国之首。⑦ 元代画家唐棣有诗曰："吴蚕缫出丝如银，头蓬面垢忘苦辛。苕溪矮桑丝更好，岁岁输官供织造。"⑧

① 劳伦斯·贝尔格林：《丝绸、瓷器与人间天堂》，周侠译，新世界出版社，2022，第169页。
② 马可·波罗口述：《马可·波罗游记》，鲁斯蒂谦诺笔录，余前帆译注，中国书籍出版社，2010，第244、253、297、360页。
③ 王磐：《农桑辑要》原序，《农桑辑要校注》，司农司编，石声汉校注，西北农学院古农学研究室整理，中华书局，2014，第1-2页。
④ 戴表元：《金陵赠友》，《剡源集》卷三十，陆晓东、黄天美点校，浙江古籍出版社，2014，第625页。
⑤ 戴表元：《寄阮严州》，《剡源佚诗》卷四，陆晓东、黄天美点校，浙江古籍出版社，2014，第753页。
⑥ 宋濂：《元史》卷九三《食货志一》，中华书局编辑部点校，中华书局，1976，第2361页。
⑦ 袁宜萍、赵丰：《中国丝绸文化史》，山东美术出版社，2009，第163页。
⑧ 唐棣：《古诗一首上复齐郎中》，《全元诗》第三十七册，杨镰主编，中华书局，2013，第397页。

　　13—14世纪的生态灾害对蚕业造成了致命的打击。赵丰根据《元史》中《食货志》和《五行志》的记载进行统计，发现在1266年至1363年间，发生的蚕灾竟多达23次，"而宋代仅有三次霜害、三次虫灾对蚕业造成损失"①。元代文人王恽曾著有数诗，叹惋天灾对蚕业和民生造成的沉重打击："旱虫食桑桑叶无，谷不出垄麦欲枯……春蚕满箔弃欲尽，锄户趁熟多空庐"②"一妇不蚕天下寒，况复例灾过惨酷"③。忽必烈即位之初首诏天下："国以民为本，民以食为本，食以农桑为本。"④频繁的蚕灾和苛重的科差，一定程度上摧毁了元朝统治的根基。

　　在蚕业受到冲击的同时，棉花种植业却在中国呈现出发展壮大之势。元代王祯的《农书》指出棉花较之蚕丝的优点："比之桑蚕，无采养之劳，有必收之效；埒之枲苎，免绩缉之工，得御寒之益。可谓不麻而布，不茧而絮。虽曰南产，言其通用，则北方多寒，或茧纩不足，而裘褐之费，此最省便。"⑤对于频受灾害困扰的元代来说，这正是一个产业转向的契机。司农司编纂的《农桑辑要》中就出现了劝种棉花的诏谕："苎麻，本南方之物；木棉亦西域所产。近岁以来，苎麻艺于河南，木棉种于陕右，滋茂繁盛，与本土无异。二方之民，深荷其利。遂即已试之效，令所在种之。悠悠之论，率以风土不宜为解。盖不知中国之物，出于异方者非一。"⑥《马可·波罗游记》中留下了两段关于当时中国植棉与棉布纺织情形的记载："（可失哈耳）靠经商和手工业为生，尤其是棉花加工业……这里的棉花产量十分丰富""（建宁府城）有各色的棉纱织成的棉布行销于蛮子各地"。⑦可失哈耳就是今天的新疆喀什，建宁府城在今天的福建建瓯。在棉花品种和种植技术尚未改良更新前，西北地区和东南闽广一带是中国棉花主要的种植地，可以说马可·波罗恰好捕捉到了元初的棉业分布状况。伊本·白图泰在14世纪到达中国时，发现丝绸已经是"穷苦人的衣料，如果不是商人们

---

① 赵丰：《元代蚕业区域初探》，《中国历史地理论丛》1987年第2期，第88—90页。
② 王恽：《悯雨行》，《王恽全集汇校》卷八，杨亮、钟彦飞点校，中华书局，2013，第319页。
③ 王恽：《桑灾叹》，《王恽全集汇校》卷九，杨亮、钟彦飞点校，中华书局，2013，第344页。
④ 宋濂等：《元史》卷九三《食货志一》，中华书局编辑部点校，中华书局，1976，第2354页。
⑤ 王祯：《农书》卷二一，清乾隆武英殿木活字印武英殿聚珍版书本，第27页。
⑥ 司农司编：《农桑辑要校注》卷二《播种》，石声汉校注，西北农学院古农学研究室整理，中华书局，2014，第55页。
⑦ 马可·波罗口述：《马可·波罗游记》，鲁斯蒂谦诺笔录，余前帆译注，中国书籍出版社，2010，第89、359页。

哄抬价格，丝绸本来是不值钱的。他们要用多件丝绸衣服才能换回一件棉布衣衫"①。不同时间的记载体现出了元代"丝棉换代"的布料变迁过程。

除了丝绸和棉布，马可·波罗还观察到了一些特殊的布料，主要出现在西北地区：在哈密力邻州的曲先塔林（Chinchitalas），有一种火浣布，是用"火蜥蜴性质的矿石"漂洗成的纤维物质纺织而成，这种布料投入火中不会燃烧②。这种矿物其实就是石棉，文献中也称其为石绒。火浣布与冰蚕丝作为当时人们认知当中的珍奇异物，在古代的诗文中常常对仗出现，如元代郝经就有诗云："火鼠能为布，冰蚕自吐丝。区区路傍马，笑杀抱关儿。"③另外，在宁夏的阿拉筛城（Kalasha），当地人用骆驼毛和白羊毛编织成美丽的羽纱。天德地区（Tenduk）和吐蕃（Tebeth）分别兴盛驼绒织物和羊毛纱。从天德地区往汉地走，途中有些地方的居民会"编织一种镶嵌着珍珠母的织金锦缎，称为纳石失（nasij）和纳忽（nakh）"。④

四、元朝中国丝绸的贵族消费与民间贸易

在汗八里，马可·波罗见到"每天运送生丝到这里的马车和驮车的数量就不下千匹。这里还生产大量的金纱织物和各种丝绸"⑤。元朝的赋税制度与前代不同，并不直接向民户征收丝织品，而是征收生丝。这大概与蒙古贵族的特殊喜好有关：元代的工艺美术风格与恬淡雅致的宋风迥然相异，更加追求金碧辉煌、璀然夺目的视觉效果，"用金风气之盛可谓旷古未有"⑥。因此，蒙古的统治者在征收生丝后，转由波斯工匠来进行纺织和生产。

13世纪蒙古人西征，攻占了中亚、西亚的主要城市。波斯的服饰艺术和美

---

① 伊本·白图泰口述：《异境奇观——伊本·白图泰游记》，伊本·朱甾笔录，〔摩洛哥〕阿卜杜勒·哈迪·塔奇校订，李光斌翻译，马贤审校，海洋出版社，2008，第540页。
② 马可·波罗口述：《马可·波罗游记》，鲁斯蒂谦诺笔录，余前帆译注，中国书籍出版社，2010，第107页。
③ 郝经：《寓感二首》，《全元诗》第四册，杨镰主编，中华书局，2013，第307-308页。
④ 马可·波罗口述：《马可·波罗游记》，鲁斯蒂谦诺笔录，余前帆译注，中国书籍出版社，2010，第135-137、262页。
⑤ 马可·波罗口述：《马可·波罗游记》，鲁斯蒂谦诺笔录，余前帆译注，中国书籍出版社，2010，第218页。
⑥ 茅惠伟：《中国历代丝绸艺术·元代》，赵丰总主编，浙江大学出版社，2021，第25页。

术风格给了蒙古人巨大的视觉冲击，富丽奢华的服饰图案和金碧辉煌的织锦样式与游牧民族粗犷豪放的审美观念相契合。尤其前文提到的"纳石失"，是一种用波斯传统工艺制作，且带有西域风情的织金锦，备受蒙古人喜爱。蒙古人最初只是劫掠各种波斯丝织成品，掠夺金、银材料，而后便开始在征服后控制织金工厂，为己所用。后来，为了能够在国内稳定生产，蒙古人掳掠了中亚、西亚的大批能工巧匠，将他们集中起来迁移到中国境内，成为官营丝织作坊的工匠。马可·波罗在天德附近地区见到的居民，便是从中亚和西亚迁来的"西域织金绮纹工"①。于是，正像杉山正明的评价，"于往昔的蒙古帝国时代，大都是欧亚大陆政治、经济及物流的中心"②。产于中国各个地区的生丝原材料，与大量从波斯迁移来的织工，构成了织金丝绸的生产条件，用来满足居住于大都的统治者的布料需求。

官营作坊生产的织金丝绸，最大的消费群体是蒙古皇室与贵族。在《马可·波罗游记》中，马可·波罗绘声绘色地描述了汗八里盛宴上万人华服的壮丽景观：

在每年的这一天（天寿节），大汗身披雍容典雅的金色皇袍，他还赐予足有两万名贵族和将领相同颜色和样式的袍服，只不过用料没有那么昂贵，但也是用丝绸缝制并饰以金色。此外，他们还会领到与袍服相配的一条镶有金银丝的鹿皮腰带和一双靴子。

正如大家知道的那样，大汗从他的卫队中甄选出一万二千名杰出者，作为陛下的贴身侍卫，称作怯薛歹。大汗赏赐这一万二千名官人每人十三套不同样式的锦袍，因此每种样式的锦袍有一万二千套，都是同一种款色，而十三种样式的锦袍即有十三种款色。这些锦袍上镶有宝石和珍珠，价值一千拜占庭金币。这种袍服只能在每年阴历的第十三个月中的第十三个隆重节日里才能穿着，因为他们穿上这种袍服象征着他们具有真正的高贵身份。

同官人的锦袍款式相匹配，大汗自己也有相应的十三套锦袍，不过更加庄

---

① 宋濂等：《元史》卷一二〇《镇海传》，中华书局编辑部点校，中华书局，1976，第2964页。
② 杉山正明：《游牧民的世界史》，黄美蓉译，北京时代华文书局，2020，第235页。

重、奢华、名贵。你们不难想象，朝廷在服装方面的耗费就已经无法计数了。[①]

这种宴会在文献中被称为"质孙宴"，"质孙"是蒙古语 jisun 的音译，意思是颜色，指的就是皇帝与上万名贵族、将领穿着同样颜色衣服的宴会。而他们这些锦袍就是使用纳石失制作的。若按照马可·波罗所说，参加宴会的人有大汗，两万名贵族、将领，及一万二千名贴身侍卫，每一个人都有十三套不同样式的锦袍，则准备一次宴会，要制作四十余万件织金锦袍。这是多么惊人的消耗量！

雍容耀眼的金袍与万官华服的景象，展现出了恢弘繁盛的大国气象。从《马可·波罗游记》中可以看到，各种昂贵的布料还常常出现在家具或装饰上，如汗八里的"大殿中有用丝和金银线修成的五颜六色的美丽地毯"，在哈察木墩行猎的帷帐中有大量珍稀的兽皮织品，连"撑拉帐幕的绳索都用丝制成"。此外，汗八里附近的驿站也"悬挂着各种绸缎做的帷幔"。[②]

蒙古贵族对织金布料的喜爱逐渐影响了民间。马可·波罗在哈剌和林城中看到，"家境富有的鞑靼人所穿的衣服是由金丝的丝绸，或用紫貂皮、白貂皮及其他动物皮缝制的，他们所有的服装十分奢华"[③]。杨瑀《山居新语》也记载，"余屡为滦阳之行，每岁七月半，郡人倾城出南门外祭奠，妇人悉穿金纱，谓之赛金纱"[④]。尽管有旨令的禁止，但一旦管理松弛，民间的私织、私贩织金锦的风气就会大涨。

宫廷宴会上光彩夺目的纳石失，让西方的商人、传教士、旅行者大开眼界，几乎每一个到达汗八里并留下文字记载的西方人都提到了宴会上的华丽服装。此后，蒙古人喜爱的金锦开始出口，带动了欧洲的丝绸消费。"自 13 世纪末期开始，中国丝绸大量出现在意大利的交易市场上，尤其是跨国贸易中。在中世纪晚期意大利北部城市卢卡和热那亚的贸易交易文献中，出现了大量关于中国

---

① 马可·波罗口述：《马可·波罗游记》，鲁斯蒂谦诺笔录，余前帆译注，中国书籍出版社，2010，第200−201 页。

② 马可·波罗口述：《马可·波罗游记》，鲁斯蒂谦诺笔录，余前帆译注，中国书籍出版社，2010，第241、213、224 页。

③ 马可·波罗口述：《马可·波罗游记》，鲁斯蒂谦诺笔录，余前帆译注，中国书籍出版社，2010，第123 页。

④ 杨瑀：《山居新语》卷三，余大钧点校，中华书局，2006，第226 页。

（Catai）丝绸的交易记录。"① 这些被出口到欧洲的织金丝绸，被意大利人称作"鞑靼布"（panni tartarici）。而后在许多意大利文学作品中，以"鞑靼"冠名的布料，成为世界上最精美衣料的代称。穿戴蒙古织金锦成为当时欧洲皇室成员、贵族精英与教会人士的身份标志。

在远离中心的南部地区，马可·波罗也记录了进行丝绸贸易的重要城市：

1. 汴梁：（居民）大部分人靠经商赚钱。这里出产生丝，并被织成金银绸缎，产量巨大、花色繁多……皇帝从这里获得巨额岁入，主要来源是对商人进行的贵重商品交易所课的税款。

2. 苏州：这里盛产生丝，人们用生丝纺织出的成品，不仅供自己消费，使人人都穿着绫罗绸缎，而且还销往外地市场。他们之中有些人成了巨商富贾。

3. 杭州：城里除了街道两旁密密麻麻的店铺外，还有十个大广场或集贸市场……在广场的对面，有一条方向与主干道平行的大运河，河岸附近有许多用石头砌成的宽大货站，用来为那些从印度和其他地方来的商人储存货物和财物……在每个市场一周三天的交易日里，都有四五万人前来赶集，他们可以在市场里买到所有需要的商品……（这里的居民）平日里大多身着绫罗绸缎，因为在杭州的辖区里，这类纺织品的产量非常巨大，这还没有把由商人从外地贩来的纺织品计算在内。②

由此可见，这三座城市既生产巨量的织品，同时也是商业中心，有着繁荣的丝绸贸易景象。这些丝织品的民间商贸与跨国贸易，为国家和地区都带来了巨额的收益，促进了元朝经济的繁荣。

五、结语

综上所述，《马可·波罗游记》对各地区布料生产、消费与贸易的详细记载，

---

① 唐濛濛：《13-14世纪意大利丝织艺术中的"中国风"迹象》，博士学位论文，南京艺术学院美术学系，2022。

② 马可·波罗口述：《马可·波罗游记》，鲁斯蒂谦诺笔录，余前帆译注，中国书籍出版社，2010，《马可·波罗游记》，第319、329、333-337页。

为研究 13 世纪的丝绸生产与消费情况提供了具体翔实的资料。从马可·波罗的描述中，可以得出以下结论：其一，在 13 世纪的布料生产方面，中国盛产生丝及丝织品，生丝生产的地区覆盖华北、西北、西南、华南、江南等地区，印度则盛产棉花及棉布，俄罗斯出产各种皮毛，西亚、中亚及中国都是重要的布料加工地。其二，在布料交易方面，西亚的拉亚苏兹港、桃里寺和忽里模子，中国的汗八里、杭州、苏州、汴梁等，都是商人云集之地和商品交易的中心，布料是最重要的贸易品之一，其中丝绸最受各地商人青睐，在当时的布料交易中占据主体地位。其三，来自威尼斯、热尼亚等地的商人，得力于丝绸之路的畅通，在世界各地寻找谋利机会，充当了各国供求方之间的物流角色，也起到了穿针引线的作用，将世界联系在了一起。最后，蒙古人作为 13 世纪世界的征服者，在丝绸生产和消费的各项环节中，起到了推动性、引领性的作用，形成了以蒙古人为主导，由多地区、多民族分工运转的世界性布料产销链条与贸易网络。

（作者单位：浙江师范大学）

新型蚕桑经营主体发展现状与演进规律

梁巧　杨奕宸　李建琴

蚕桑产业是我国具有悠久历史的传统产业。自新中国成立以来，我国蚕桑生产获得了长足稳定的发展，桑园面积、发种量、蚕茧产量等均稳步增长。传统蚕桑产业是典型的劳动密集型和土地密集型产业，主要分布于经济欠发达地区，因此，蚕桑产业的高质量发展对于巩固脱贫攻坚成果和实现乡村振兴战略具有特殊意义。

改革开放以来，我国蚕桑生产规模在先扩张后波动中趋于稳定，生产空间布局不断变迁。2000 年以来，蚕桑生产除 2008—2009 年经历一次较大下跌外，总体比较稳定，全国桑园面积稳定在 80 万公顷左右。发种量和蚕茧产量则在经历多次波动后持续提高，自 2016 年以来持续缓慢增长，2021 年发种量达 1724.43 万盒，蚕茧产量达 71.72 万吨。蚕桑生产水平持续提升，盒种蚕茧产量和效益不断提高，2021 年我国桑蚕茧产值达 367.15 亿元，比 2020 年增加 52.99%，创历史新高。[1] 桑蚕生产空间布局持续变迁，自从 2003 年中西部蚕区蚕茧产量超过东部后，产业转移的进程开始加快，形成东部蚕区（指江苏、浙江、山东和广东）蚕桑生产缩减、中部蚕区（指山西、河南、湖北、湖南、江西、安徽）基本稳定、西部蚕区（指广西、四川、重庆、云南、陕西）规模扩展的"东桑西移"格局[2]，近年来向西部地区转移和集中的趋势愈加明显。

然而，我国传统蚕桑产业仍面临着转型升级的困境，蚕桑产业经营主体以小

---

[1]　李建琴、顾国达：《2022 年我国蚕桑产业发展趋势与政策建议》，《中国畜牧杂志》2022 年第 3 期。

[2]　李建琴、顾国达、封槐松：《我国蚕桑生产的区域变化——基于 1991—2010 年的数据分析》，《中国蚕业》2011 年第 3 期。

农户为主，蚕桑生产依然是劳动和土地密集型，生产技术进步比较缓慢，规模效率低。同时，蚕桑生产面临着多样风险，包括自然灾害、蚕病风险和茧价波动的市场风险等[①]，这些风险的根源也与蚕桑产业的技术特征和市场特征等相关。然而，小农户的技术和资金有限，再加上农村的人口老龄化、受教育水平低等问题，更是加剧了小农户在蚕桑生产经营上的困境，小农户自身无法实现技术创新和风险缓解。因此，蚕桑产业的高质量发展只能依赖于组织化程度的提高。

党的二十大报告提出"发展新型农业经营主体和社会化服务，发展农业适度规模经营"。以家庭农场、农民合作社和农业企业为代表的新型农业经营主体成为小农户联合的组织载体或与小农户开展业务合作，在带动小农户开展生产和进入市场中发挥了重要作用[②]。截至2020年底，全国家庭农场超过380万家[③]，依法登记的农民合作社达到225万家[④]，农业相关企业超279万家[⑤]。与其他产业相比，蚕桑产业的新型经营主体发展相对不足，尤其自2006年开始实施"东桑西移"工程后，西部地区蚕桑产业发展迅速提升，但目前仍以农户分散经营为主，组织化程度较低[⑥]。因此，需充分发挥新型经营主体在蚕桑规模经营和效率提升、技术指导和服务体系、市场导向和缓减风险等方面的作用，并稳定和蚕农的长效利益联结，从而提高农户收益和产业绩效[⑦]。

基于此，本文系统性梳理新型蚕桑经营主体的发展现状，分析蚕桑家庭农场、蚕桑合作社、蚕桑种养企业三类蚕桑经营主体的演进特征和发展趋势，并

---

① 刘位芬、李镇刚、白兴荣等:《云南省蚕农面临的蚕业风险及其政策期望——基于7个市(州)14个蚕区139户农户的问卷调查》,《中国蚕业》2022年第1期。

② 黄祖辉、俞宁:《新型农业经营主体: 现状、约束与发展思路——以浙江省为例的分析》,《中国农村经济》2010年第10期。

③ 中华人民共和国农业农村部:《对十三届全国人大四次会议第3278号建议的答复》,中华人民共和国中央人民政府网, http://www.moa.gov.cn/govpublic/zcggs/202108/t20210825_6374839.htm, 2021年8月19日。

④ 高杨、王军、魏广成等:《2021中国新型农业经营主体发展分析报告(一)》,《农民日报》2021年12月17日第4版。

⑤ 中国经济周刊:《乡村振兴全面推进，数字背后看玄机》,经济网, https://baijiahao.baidu.com/s?id=1693285400015249015&wfr=spider&for=pc, 2021年3月4日。

⑥ 唐燕梅、黄红燕、黄艺等:《加快广西蚕桑规模化集约化发展的建议》,《广西蚕业》2018年第4期。王万华、胡文龙、郑琳等:《现阶段蚕桑生产组织模式探讨——基于重庆市蚕桑生产组织模式的调研》,《中国蚕业》2012年第1期。

⑦ 廖森泰、肖更生、施英:《蚕桑资源高效综合利用的新内涵和新思路》,《蚕业科学》2009年第4期。罗明智、李标、黄红燕等:《广西贫困地区发展蚕桑产业扶贫的意愿及其影响因素调查与分析》,《蚕业科学》2017年第6期。

讨论新型蚕桑经营主体助推蚕业高质量发展的可行路径。

一、新型蚕桑经营主体总体发展情况

本文所用数据来源于浙大卡特－企研中国涉农研究数据库（简称"CCAD"）。该数据库包括工商行政管理局注册登记的家庭农场、农民合作社、农业企业等经营主体基本信息（包括工商登记时间、地理信息、行业类别、经营范围、股东信息等）和年报信息（包括经营绩效、股份变动等）等数据。在 CCAD 数据库中筛选出行业类别为农业或纺织业，且经营范围包含桑蚕种养的各类经营主体，最终发现蚕桑家庭农场数据始于 2013 年，蚕桑合作社数据始于 2007 年，蚕桑种养企业数据始于 1980 年，从而得到家庭农场（2013—2021 年）、农民合作社（2007—2021 年）、农业企业（1980—2021 年）共 8959 家新型蚕桑经营主体的数据库。后续分析中，考虑到时间跨度的一致性，使用 2013—2021 年家庭农场、蚕桑合作社、蚕桑种养企业数据进行分析。

2013—2021 年，我国新型蚕桑经营主体累计注册 8128 家，其中蚕桑家庭农场 1523 家、蚕桑合作社 3677 家、蚕桑种养企业 2928 家（表 1）。减去 2013—2021 年间已注销的 1452 家主体后，截至 2021 年年底，在营的蚕桑经营主体总数为 6676 家，其中蚕桑家庭农场 1343 家、蚕桑合作社 2965 家、蚕桑种养企业 2368 家。

表 1　新型蚕桑经营主体注册总数与在营数量

经营主体类型	2013—2021 年注册总数 / 家	2021 年在营数量 / 家
蚕桑家庭农场	1523	1343
蚕桑合作社	3677	2965
蚕桑种养企业	2928	2368
合计	8128	6676

从 2013—2021 年历年变化来看，蚕桑各类型经营主体在营数量均呈增长态势，但增长速度和规律有所不同，家庭农场在营数量增速先降后升，合作社在营数量增速波动下降，蚕桑种养企业在营数量增速波动呈 W 型。

与其他农业产业的各类新型农业经营主体相比，蚕桑家庭农场数量增长率稍高于其他产业家庭农场的平均增长率，而蚕桑合作社和蚕桑种养企业的数量增长率先落后于其他产业合作社和农业企业的平均增长率，但近年来实现了追赶和反超（图1）。由此，全部新型蚕桑经营主体的增速在 2013—2016 年和 2019 年低于其他产业新型农业经营主体的平均增速，而 2017—2018 年和 2020—2021 年高于其他产业新型农业经营主体的平均增速。

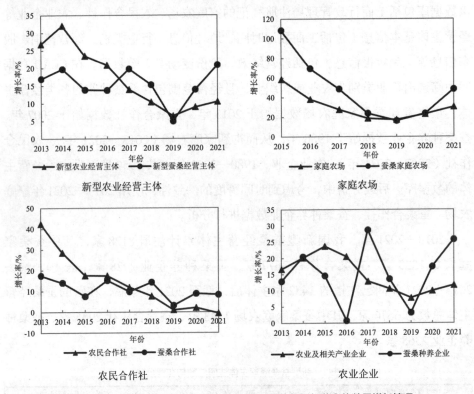

图1　2013—2021 年全国农业产业和蚕桑产业的新型经营主体数量增长情况

（注：因 2013 年中央"一号文件"首次正式提出发展家庭农场，当年家庭农场注册非常有限，因此以 2014 年作为计算增长率的初始年份。）

二、新型蚕桑经营主体发展分类情况

（一）蚕桑家庭农场

2013—2021 年全国共注册蚕桑家庭农场 1523 家，去除因经营不善等原因注销的农场，到 2021 年仍处于在营状态的蚕桑家庭农场有 1343 家。从图2来看，2013—2020 年蚕桑家庭农场每年注册数量和注销数量都比较稳定，除了 2013 年，每年注册数量基本保持在 100—200 家，大大高于每年 10 家左右的注销数量，因而在营蚕桑家庭农场数量从 2013 年的 21 家持续增长至 2020 年的 905 家。2021 年，蚕桑家庭农场的注册和注销数量均大幅增加，当年新注册数量达 555 家、注销数量达 117 家，在营蚕桑家庭农场数量增加至 1343 家。

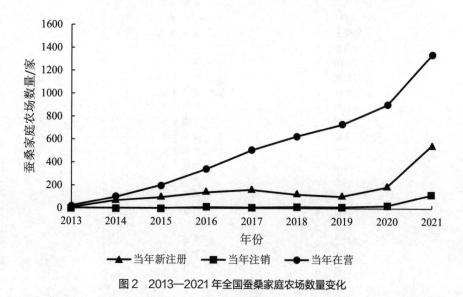

图2　2013—2021 年全国蚕桑家庭农场数量变化

我们选取 2013 年和 2021 年 2 个时间节点，观察各省份家庭农场数量的变化，结果如图 3 所示。自 2013 年中央"一号文件"首次提出鼓励发展家庭农场以来，蚕桑家庭农场迅速发展，各地新注册蚕桑家庭农场数量逐渐增多，尤其是西部蚕区和中部蚕区，这与产业发展趋势和当地资源禀赋有关。2021 年各省份蚕桑家庭农场数量有所增长且地区间差异较大，其中在营数量最多的省份为安徽，有 281 家，这可能与 2020 年安徽省农业农村厅大力推进蚕桑产业提质增效，强调着力培育专业化养蚕的家庭农场有关[1]；其次为四川，有 267 家在营；重庆、广西和江苏也有超过 100 家的蚕桑家庭农场在营。2021 年在营数量最少的为新疆和河北，均只有 1 家蚕桑家庭农场在营，黑龙江和内蒙古则各有 2 家蚕桑家庭农场在营。

---

① 安徽省农业农村厅：《安徽省农业农村厅关于大力推进蚕桑产业提质增效的通知》，安徽省农业农村厅网，http://nync.ah.gov.cn/snzx/tzgg/11164111.html，2020 年 3 月 25 日。

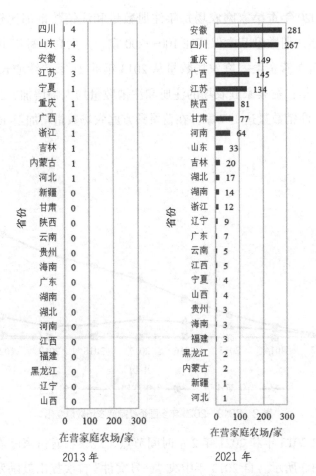

图3　2013和2021年各省份蚕桑家庭农场在营数量

（注：北京、天津、上海、西藏、青海未成立过蚕桑家庭农场，故讨论中不包含。）

（二）蚕桑合作社

自2007年实施《中华人民共和国农民专业合作社法》以来，蚕桑合作社数量逐年稳定增长。从图4的全国蚕桑合作社数量变化来看，2013—2021年间每年均有一定数量的蚕桑合作社新成立，其中2018年新注册的蚕桑合作社数量最多，达394家。同时，每年也有少量蚕桑合作社注销，尤其是2019年农业农村部印发《开展农民专业合作社"空壳社"专项清理工作方案》后，注销的蚕桑合作社数量明显增多。截至2021年，全国共成立过蚕桑合作社2511家，除天津、上海、青海、西藏外，其余 27 个省份都成立过蚕桑合作社，去除注销蚕桑合作社后，在营蚕桑合作社为 2965 家。

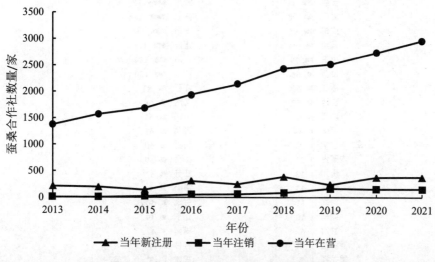

图 4 2013—2021 年全国蚕桑合作社数量变化

选取 2013 年和 2021 年 2 个时间节点，观测各省份蚕桑合作社数量的变化，不同地区呈现出了差异性发展特点，如图 5 所示。2013 年东部和西部蚕区核心省份的蚕桑合作社数量旗鼓相当，其中江苏和四川的蚕桑合作社数量显著高于其他省份，北京和宁夏最少，各仅有 1 家。之后，西部蚕区各省份蚕桑合作社发展势头加快，逐渐占据主导地位，2021 年广西在营蚕桑合作社数量最多，达 752 家，四川、云南和贵州紧随其后。东部蚕区部分省份的蚕桑合作社数量则呈现减少的趋势，并逐渐退出在营数量的前列，如江苏的蚕桑合作社注销数量较多，其在营数量从 2013 年的 166 家减少到 2021 年的 57 家。2021 年在营数量最少的为宁夏 4 家、北京 5 家。

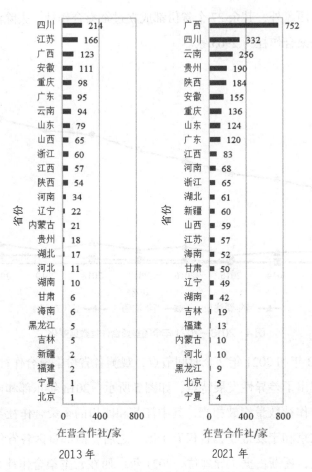

图5　2013年和2021年各省份蚕桑合作社在营数量

（三）蚕桑种养企业

从2013—2021年新注册、注销和在营的蚕桑种养企业数量来看（图6），在营蚕桑种养企业数量稳定增长，特别是近年来增速较快。2013年以来，随着"一带一路"倡议持续积极作用于我国蚕丝业的转型升级和国际竞争力的提高，蚕桑种养企业数量呈现出快速增长态势，历年均有相当数量的企业新注册成立。截至2021年，全国蚕桑种养企业注册数达2928家，去除注销的企业，在营的蚕桑种养企业有2368家，其中被认定为龙头企业的有11家，包括2家国家级和5家省级龙头企业。

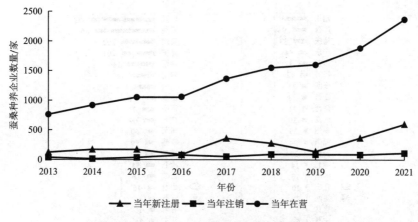

图6　2013—2021年全国蚕桑种养企业数量变化

　　2013 和 2021 年各省份蚕桑种养企业的在营数量实现大幅度的提升，且在地区间呈现出较明显的差异（图7）。总体来看，蚕桑种养企业向中西部蚕区集中，且中西部蚕区内部各省份趋于均衡发展，东部蚕区则趋于衰落。具体来看中西部蚕区的扩张，广西的蚕桑种养企业从 2013 年的 94 家增长至 2021 年的 383 家，2021 年在营数量位列全国第一；安徽的蚕桑种养企业从 2013 年的 22 家增长至 2021 年的 366 家，2021 年在营数量位列全国第二。2021 年除上海没有在营蚕桑种养企业外，天津在营蚕桑种养企业最少，为 1 家，青海在营蚕桑种养企业为 2 家。

三、蚕桑生产规模化和组织化水平

（一）全国蚕桑生产的规模化和组织化水平

　　新型经营主体数量发展在一定程度上反映了该产业的生产规模化和组织化水平。生产规模化主要指家庭农场通过土地集中连片化经营和购买农业社会化服务产生规模经济效果的经营模式；组织化指农民合作社和农业企业通过组织制度创新，辐射带动周边小农户、与其达成利益联结，以有效解决小农户和大市场之间的矛盾的经营模式。[①] 因新型农业经营主体数量与从业人数或产出水

---

① 黄祖辉、徐旭初：《大力发展农民专业合作经济组织》，《农业经济问题》2003 年第 5 期。孔祥智、穆娜娜：《实现小农户与现代农业发展的有机衔接》，《农村经济》2018 年第 2 期。

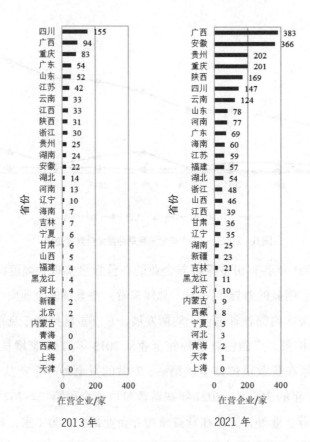

图7 2013年和2021年各省份蚕桑种养企业在营数量

平相关，往往用农户数或产值（或产量）对主体数量进行标准化，以刻画生产的规模化和组织化水平。[1]受数据限制，本文用各类新型蚕桑经营主体数量和蚕茧产值（包括桑蚕和柞蚕的蚕茧总产值）的比值刻画蚕桑产业的规模化和组织化水平。具体来说，用"在营蚕桑家庭农场数量（家）/蚕茧产值（亿元）"表示蚕桑生产规模化水平，用"在营蚕桑合作社数量（家）/蚕茧产值（亿元）"和"在营蚕桑种养企业数量（家）/蚕茧产值（亿元）"表示蚕茧生产的组织化水平。

2013—2021年我国蚕桑生产的规模化和组织化均呈现出稳定增长的态势，且

① Liang Q and Wang X, "Cooperatives as competitive yardstick in the hog industry? —Evidence from China," Agribusiness36（2020）：127-145. Milford A, "The procompetitive effect of coffee cooperatives in Chiapas, Mexico," Journal of Agricultural & Food Industrial Organization10, no.1（2012）：1515-1542.

近年来增速加快，显示了蚕桑产业的规模化和组织化发展状态良好，但仍明显低于所有农业产业的规模化和组织化水平（图 8）。2021 年每亿元蚕茧产值约对应 3 家家庭农场、7 家合作社、6 家种养企业；相应地，根据《中国统计年鉴 2022》[①]计算得出，所有农业产业每亿元产值约对应 17 家家庭农场、28 家合作社、52 家农业企业。蚕桑经营主体的规模化和组织化水平偏低，与蚕桑产业本身的劳动和土地密集型特性、机械化和智能化程度较低有关。

图 8　2013—2021 年全国蚕桑生产的规模化和组织化水平变化

（2013—2015 年的数据来源于《中国丝绸年鉴》，2016—2021 年的数据来源于农业农村部。）

（二）蚕桑主产省份的规模化和组织化水平

根据 2021 年蚕茧产值由高到低排列，前十位主产省份依次为广西、四川、云南、辽宁、江苏、广东、黑龙江、浙江、安徽和山东。从以每亿元蚕茧产值的蚕桑家庭农场表示的规模化水平历年变化来看，各省份近年来的规模化水平都有一定程度的提升，尤以安徽的规模化水平提升幅度最大（表 2）。2020—2021 年部分省份的蚕桑生产可能受到新冠疫情冲击，蚕桑家庭农场数量减少，规模化水平有所下降。

比较来看，各省份历年位次排列基本稳定，安徽、江苏、四川和山东的规

---

① 国家统计局：《中国统计年鉴—2022》，中国统计出版社，2022，第 380 页。

模化水平一直领先于其他省份，其中安徽的蚕桑生产规模化水平甚至高于农业产业平均规模化水平，可能与其蚕茧产值不高但具有相当数量的经营主体有关。柞蚕主产区辽宁和黑龙江生产的规模化水平明显低于其他桑蚕主产区的水平，可能与柞蚕多以野外放养为主、难以形成规模有关。规模化水平不仅由土地和劳动资源禀赋所决定，也与当地政府对家庭农场发展的引导和支持有关，如安徽省农业农村厅在2020年强调着力培育专业化养蚕的家庭农场。值得一提的是，广西的蚕茧产量自2005年以来一直位居全国第一，2021年广西蚕茧产量占全国的50%以上，但是广西蚕桑家庭农场并不多，广西蚕桑生产的规模化经营仍存在较大提升空间。

表2 2013—2021年十大主产省份每亿元蚕茧产值对应的家庭农场数量　　　　家/亿元

年份	广西	四川	云南	辽宁	江苏	广东	黑龙江	浙江	安徽	山东
2013年	0.0090	0.1462	0.0000	0.0000	0.1086	0.0000	0.0000	0.0507	0.3732	0.4480
2014年	0.0774	2.2418	0.0441	0.0000	0.1640	0.0000	0.0000	0.1454	0.7357	0.8353
2015年	0.1772	2.8340	0.2225	0.0000	0.4824	0.1963	0.0000	0.1671	2.8471	0.8839
2016年	0.2166	4.6756	0.1096	0.0000	0.8474	0.3591	0.0000	0.2103	6.4169	0.9816
2017年	0.3193	4.8518	0.0902	0.0521	1.9531	0.2879	0.0000	0.2899	9.5655	1.0316
2018年	0.4471	4.3311	0.0850	0.0513	3.0952	0.3319	0.0000	0.4604	13.6846	1.0934
2019年	0.4605	5.0420	0.1318	0.0571	4.2875	0.4425	0.0916	0.5174	16.1638	1.5851
2020年	0.7945	8.7073	0.1425	0.2022	7.8234	0.7132	0.1757	1.4130	21.8240	3.4728
2021年	0.6965	6.2059	0.1517	0.3897	7.1766	0.6061	0.1759	1.1646	28.6710	5.0063

（2013—2015年的数据来源于《中国丝绸年鉴》，2016—2021年的数据来源于农业农村部。）

以每亿元蚕茧产值的蚕桑合作社和蚕桑种养企业数量所计算的蚕桑生产组织化水平分别如表3、表4所示。

从表3和表4可以看出，两种计算方式所表示的组织化水平呈现了相同趋势和特点。大部分主产省份的组织化水平呈现提升态势，但四川和江苏呈现波动下降的趋势。近年来随着政府部门对合作社和企业高质量发展的强调和引导，部分省份的合作社和农业企业的数量有所减少，导致组织化水平有所下降。省份间比较来看，各省份位次排列保持相对稳定。蚕桑生产组织化水平较高的省份为安徽、山东、广东和四川，但仍大大低于农业产业平均组织化水平。广西、辽宁和黑龙江的组织化水平最低，其中北方蚕区的辽宁和黑龙江以柞蚕生产为主，组织化水平难以提升，历年增长也较为缓慢；广西的组织化水平也较低，仍以一家一户小规模经营为主，相对于其蚕茧产量全国第一的地位，组织化水平存在较大提升空间和潜力。

表3 2013—2021年十大蚕桑主产省份每亿元蚕茧产值对应的农民合作社数量　　　　家/亿元

年份	广西	四川	云南	辽宁	江苏	广东	黑龙江	浙江	安徽	山东
2013 年	1.1059	7.8216	4.2409	1.4175	6.0116	6.8642	0.7102	3.0441	13.8080	8.8478
2014 年	1.6553	9.1218	6.3911	1.8970	6.8891	7.8882	0.6944	4.7986	16.9217	10.0230
2015 年	2.2623	10.0000	6.8516	2.4840	8.9506	10.4037	0.7246	5.6815	22.0177	10.3542
2016 年	2.8407	10.8474	6.8693	1.6194	8.8977	13.0480	0.5910	7.1487	22.6598	9.3801
2017 年	2.6393	9.0226	6.1936	1.7708	7.6265	10.9411	1.1151	6.4743	17.1901	8.1593
2018 年	3.3196	8.0196	7.1129	1.7436	7.6666	9.7903	0.9298	7.4815	18.9588	8.2501
2019 年	3.6840	7.8115	8.5341	1.9993	5.8645	8.7758	0.6415	8.1496	19.8584	8.4538
2020 年	5.6003	10.7378	12.0631	2.1231	6.8710	14.3837	0.7027	9.5773	20.8611	19.3486
2021 年	3.6122	7.7167	7.7649	2.1218	3.0528	10.3896	0.7913	6.3082	15.8150	18.8116

表4 2013—2021年十大蚕桑主产省份的每亿元蚕茧产值对应的农业企业数量　　　　家/亿元

年份	广西	四川	云南	辽宁	江苏	广东	黑龙江	浙江	安徽	山东
2013 年	0.8452	5.6652	1.4888	0.6443	1.5210	3.9017	0.5682	1.5220	2.7367	5.8239
2014 年	1.2488	5.9910	1.6308	0.6775	2.1323	4.2174	0.6944	2.1812	3.8258	6.3241
2015 年	1.8244	6.2753	2.2245	0.9615	2.7870	5.3000	0.7246	2.4230	5.1248	6.9449
2016 年	1.4745	5.0123	2.4481	0.7085	2.8600	6.2247	0.5910	3.2590	5.6148	5.6717
2017 年	2.2223	3.8871	2.5857	0.8333	2.4646	5.0866	0.7806	3.3821	16.3584	5.0644
2018 年	2.0640	2.9032	2.9755	0.8205	2.2857	4.5633	0.7231	4.0285	35.4944	5.5664
2019 年	1.9178	2.8879	3.2291	0.9711	2.5627	3.6136	0.6415	4.7863	40.4865	6.4460
2020 年	2.5626	4.3020	4.8442	1.3648	3.9457	6.6569	0.6148	6.9082	41.5618	12.4029
2021 年	1.8397	3.4167	3.7611	1.5156	3.1599	5.9740	0.9672	4.6583	37.3438	11.8331

四、结论和启示

本文基于历年不同省份新型蚕桑经营主体注册和在营数量的数据，梳理了我国新型蚕桑经营主体的发展现状和演进规律，分析了蚕桑产业家庭农场、合作社、企业3类主体的发展特点，主要得到以下结论：

第一，蚕桑产业新型经营主体的数量增长速度与农业产业相仿，3类主体的数量增长趋势大致相同。尽管我国蚕茧产量自 2007 年起就呈现出规模缩减进而保持稳定的态势，但新型经营主体的数量发展并未滞后于农业产业的平均水平。2013 年至今，蚕桑各类型经营主体数量都呈现增长的态势，其中，蚕桑家庭农场的发展势头良好，增长速度甚至高于其他产业，蚕桑合作社和蚕桑种养企业发展稳定迅速，在近年也反超其他产业相应主体数量增长速度。

第二，各地新型蚕桑经营主体发展与"东桑西移"发展规律相符。具体来说，东部地区蚕桑生产经营主体的发展速度减缓，甚至下降；中西部地区蚕桑生产经营主体发展较快，但仍有较大发展空间。西部蚕区发展较快，历年新增数量较多，在营主体数量也居全国前列，其中尤以广西和四川为主导；中部蚕区发展较稳定，以安徽和重庆蚕区为主导；东部蚕区的桑蚕种养业相关主体逐渐式微，经营主体数量呈减少态势。

第三，蚕桑产业规模化水平和组织化水平持续提升且近年来增速加快，但仍明显低于农业产业平均发展水平。各主产省份近年来规模化水平均有所提升，组织化水平则波动较大，但大部分省份呈现波动上升趋势。从省份间比较来看，各主产省份规模化和组织化水平历年位次排列均基本稳定，其中安徽和广东等省份的规模化和组织化水平多年来持续领先于其他省份；北方主产区的规模化和组织化水平有限，这与其品种有关；而广西作为蚕桑生产大省份，其规模化组织化水平一直处于较低水平，规模化组织化经营仍存在较大提升空间。

从本文分析来看，新型蚕桑经营主体的发展仍存在较大空间，特别是在蚕桑生产大省份，需要着力推进新型蚕桑经营主体的构建和高质量发展，提升蚕桑生产规模化和组织化水平。政府部门可通过多种方式促进蚕桑经营主体的高质量发展，如对于规模生产和工厂化养殖、绿色种养技术应用、资源多样化利用等的支持，因地制宜重点发展不同类型经营主体，并通过经营主体开展跨区域产业链整合实现我国蚕桑产业的可持续发展。

（作者单位：浙江大学）

茅坤家族的种桑发家之路

赵红娟

在明中叶以来蚕丝业繁荣、桑叶需求旺盛的背景下，茅坤家族因经营专业化桑园而发家致富。茅坤之父茅迁种桑万余株于练市唐家村，积财万金；茅坤之弟茅艮，在唐家村扩种桑树数十万株，家财累积至数万金。茅艮还著有《农桑谱》六卷，为茅氏家族及姻亲的农桑经营提供宝贵经验。茅坤外祖父李氏一家、外甥顾儆韦一家均以农桑成为里中巨富。在农桑致富的基础上，茅坤家族投资丝织业、酒楼业、刻书业、高利贷等其他商业活动而一跃成为晚明东南豪富。由于善于治生，财富雄厚，而又广置宅地，诗酒风流，挥霍无度，茅氏家族在晚明有好利之名。

一、大规模经营专业化桑园

明中叶以来，湖州成为江南丝织业中心，湖丝基本垄断了国内生丝市场，对桑叶需求猛增，种桑因此比种田更有利可图。且湖州之圩田地势低，容易遭遇水灾，而湖州之桑地大都是高阜，无水灾之患，"湖之患在水，而湖之圩田，十年之内所被水而灾者六七；而湖之地并高阜，故其患独无"①。丝绵之利靠的是养蚕，养蚕靠的是桑叶，桑叶则从地出，故桑地收入高。茅坤《与甥顾儆韦侍御书》曰："湖之丝绵衣天下，故称为沃野；而湖之丝绵从地出，故利为最盛。"另外，据湖州练市人所撰《沈氏农书》记载，晚明时雇工1名，种地4亩，种田

---

① 茅坤:《茅鹿门先生文集》卷六《与甥顾儆韦侍御书》,《茅坤集》第2册, 浙江古籍出版社, 2012, 第306页。

8亩，其收益要比出租土地增加银10两。[1] 这使得以出租土地为特征的封建地主开始向以雇工为特征的经营地主转变。

茅氏祖籍山阴，元末茅骥从山阴迁湖州埭溪，又从埭溪迁湖州花溪，一名花林。茅瑞征《寿宗人白岩七十序》："吾宗之先，从山阴迁埭溪，始入籍为吴兴。已又从埭再迁华溪，子孙日益蕃盛。"[2] 万历时，茅坤携幼子茅维从花林迁到练溪（即练市）。埭溪、花林、练市在明代均属湖州府归安县。茅氏在埭溪，原以治筏为生。茅国缙《先府君行实》："元末有千三者（即茅骥），由山阴徙归安之埭溪，治筏为业。东市海上，经华溪，饭而沉其碗，以为祥，曰：'天其饭我于此乎？'遂家焉。"[3] 茅氏迁居花林后，大致于正德、嘉靖间，茅坤之父茅迁（1488–1540）开始拥有雇工，并调整产业结构，由种田转到更有经济效益的栽桑，且进行规模化生产。唐顺之曰："湖俗以桑为业，而处士治生喜种桑，则种桑万余唐家村上。"[4] 茅迁种桑数万株，非使用一定数量的雇工不可，特别是剪桑工、捉虫工等专门技术之工人。[5] 茅迁非常善于经营，"其治生，操纵出入，心算盈缩，无所爽"[6]。若干年后，积财"数千金而羡"[7]，"家大饶"，以致有实力"岁入粟千余，悉分赈人"，"割田百亩赡宗人"[8]。去世时，有"遗产万金"[9]、遗田1600亩[10]。若按一名雇工一年能种12亩算，1600亩得雇佣130余人。而据明末清初张履祥所言，当时"四十亩之家，百人而不得一也。其躬亲买置者，千人而不得一也"[11]。可见，到了茅迁时代，茅氏已因种桑而成里中富户。

---

① 钱尔复订正：《沈氏农书》，《丛书集成新编》第47册，台湾新文丰出版社，2008，影印本，第490页。
② 茅瑞征：《澹朴斋集》卷二，日本尊经阁文库藏明刻本，第17页。
③ 茅坤：《先府君行实》，《茅坤集》第5册，浙江古籍出版社，2012，第1477页。
④ 唐顺之：《南溪茅处士妻李氏合葬墓志铭》，朱霞甫《练溪文献·艺文志》，同治十一年本。
⑤ 傅衣凌：《明代江南地主经济新发展的初步研究》，《厦门大学学报》1954年第5期。
⑥ 唐顺之：《南溪茅处士妻李氏合葬墓志铭》，朱霞甫《练溪文献·艺文志》，同治十一年本。
⑦ 茅坤：《茅鹿门先生文集》卷二十三《亡弟双泉墓志铭》，《茅坤集》第3册，浙江古籍出版社，2012，第672页。
⑧ 屠隆：《明河南按察司副使奉敕备兵大名道鹿门茅公行状》，《茅坤集》第5册，浙江古籍出版社，2012，第1453页。
⑨ 茅坤：《茅鹿门先生文集》卷二十三《伯兄少溪公墓志铭》，《茅坤集》第3册，浙江古籍出版社，2012，第668页。
⑩ 茅坤：《耄年录》卷七《年谱》，《茅坤集》第5册，浙江古籍出版社，2012，第1234页。
⑪ 张履祥：《杨园先生全集》卷八《与徐敬可》，陈祖武点校，中华书局，2002，第227页。

　　茅迁第三子茅艮承继父业①，大而昌之。他于稼穑最精，是当时乡里种田种桑好手。他雇佣更多人工，在花林唐家村扩种桑树数十万株，面积达到数百亩，而且亲自管理，精耕细作，薙草化土，辇粪饶土。其种田收入要比普通农民增加一倍，种桑收入更是比普通桑农增加十倍甚至百倍，故家财累积至数万金。茅坤《亡弟双泉墓志铭》曰：

　　君起田家子，少即知田。年十余岁，随府君督农陇亩间，辄能身操畚锸，为诸田者先。其所按壤分播、薙草化土之法，一乡人所共首推之者。已而树桑，桑且数十万树，而君并能深耕易耨，辇粪蕽以饶之。桑所患者蛀与蛾，君又一一别为劙之，拂之，故府君之桑首里中。而唐太史应德尝铭其墓曰："唐村之原，有郁维桑兮。生也游于斯，死以为葬兮。"盖善府君之治桑而殁，且歌于其墓也，而不知于中君之力为多。故其桑也，亦一乡人所共首推之者。君之田，倍乡之所入；而君之桑，则又什且百乡之所入。故君既以田与桑佐府君，起家累数千金而羡；而其继也，君又能以田与桑自为起家，累数万金而羡。②

　　由于桑园规模大，种植技术先进，管理水平高，因此茅艮巨富。其生前分授夔、龙、皋三子田产家财，各"殆且万也"；卒后还有"存田八百亩，别属三兄弟之奴者五百五十金，米谷二千五百有奇，他所贮僮仆什器称是，大较犹及五千金而羡"③。

　　茅氏种桑巨富的背后是明中叶后桑叶贸易的繁荣。湖州桑地狭小，不足饲蚕，故桑叶需求旺盛，于是产生类似商品期货的桑叶买卖活动，即所谓"稍叶"，或曰"秒叶"。朱国祯《涌幢小品》卷二："湖之畜蚕者，多自栽桑，不则豫租别姓之桑，俗曰'秒叶'。凡蚕一斤，用叶百六十斤。秒者，先期约用银四钱。既收而偿者，约用五钱，再加杂费五分……本地叶不足，又贩于桐乡洞庭，

---

① 学术界一般以为茅迁有三子，艮为其幼。然据茅坤《伯兄少溪公墓志铭》，茅迁临终时以财产"授少子大有，次者艮，次者乾，次则坤"，则迁有四子，其幼名大有。
② 茅坤：《茅鹿门先生文集》卷二十三《亡弟双泉墓志铭》，《茅坤集》第3册，浙江古籍出版社，2012，第671-672页。
③ 茅坤：《茅鹿门先生文集》卷二十七《祭亡弟参军文》，《茅坤集》第3册，浙江古籍出版社，2012，第753页。

价随时高下，倏忽悬绝。"①董蠡舟《稍叶》亦曰："桑为湖属恒产，直名曰叶，以人人所知也。而吾乡则栽桑地狭，所产仅足饲小蚕，曰小叶。叶莫多于石门、桐乡，其牙侩则集于乌镇。三眠后，买叶者以舟往，谓之开叶船，买卖皆曰稍。吾镇之饶裕者亦稍以射利，谓之作叶，又曰顿叶。凡叶百斤为一担，郡中则以二十斤为一个。"②唐家村茅迁的数万株桑树、茅垦的数十万株桑树，所产桑叶除了自己养蚕所需，一定也是"作叶"或曰"顿叶"以射利。虽然不知一树能产多少桑叶，但茅坤曾说上地每亩可产桑叶二千斤，次者亦能产一千斤③；《乌青镇志》亦曰"大约良地一亩可得叶千三四百斤"④。1600亩田地，若一半是桑地，按每亩得叶1300斤算，也可产叶一百万斤。花林唐家村可以说是茅氏发家致富的吉祥地，茅迁卒后，茅坤即将其父葬于此地。据说，这也是茅迁生前之意："居常自言：'吾死，第葬我于唐家村。且死者有知，吾得睹诸儿荷锄携筐往来吾墓上，何不乐之有哉！'"⑤

茅氏的种桑水平当时名闻杭嘉湖一带。明清之际张履祥曰："归安茅氏，农事为远近最。"⑥又曰："（茅氏）治生有法，桑田畜养所出，恒有余饶，后人守之，世益其富。"⑦茅氏还善于总结农桑生产经验，茅垦著有《农桑谱》六卷。同治《湖州府志》卷五十八、光绪《归安县志》卷二十著录该书，并引《湖录》曰："（垦）好稼穑，尤精治桑，桑之利倍收于田，以故家益饶裕。嘉靖中以例为河南布政司经历，作是谱，颁示中州。"可知是书作于茅垦为河南布政司期间。他曾为中州百姓种桑养蚕带去宝贵经验。

虽然未有中州百姓因此致富的文献资料，但茅氏姻亲因茅氏农桑经验而成里中巨富的例子却赫然有载。张履祥曰："鹿门之甥为顾侍御，为富大略慕效茅氏。"⑧顾侍御，名尔行，字儆韦，住练市瑶庄。茅坤曾写信给他，向他介绍种

① 周庆云：《南浔志：点校本》上册，赵红娟、杨柳点校，方志出版社，2022，第389-390页。
② 周庆云：《南浔志：点校本》上册，赵红娟、杨柳点校，方志出版社，2022，第399-400页。
③ 茅坤：《茅鹿门先生文集》卷六《与甥顾儆韦侍御书》，《茅坤集》第2册，浙江古籍出版社，2012，第306页。
④ 周庆云：《南浔志：点校本》上册，赵红娟、杨柳点校，方志出版社，2022，第393页。
⑤ 唐顺之：《南溪茅处士妻李氏合葬墓志铭》，朱霞甫《练溪文献·艺文志》，同治十一年本。
⑥ 张履祥辑补：《补农书校释》（增订本），陈恒力校释、王达增订，农业出版社，1983，第152页。
⑦ 张履祥：《杨园先生全集》卷三十八《近鉴》，中华书局，2002，第1037页。
⑧ 张履祥：《杨园先生全集》卷三十八《近鉴》，中华书局，2002，第1037页。

桑的经济效益："大略地之所出，每亩上者桑叶二千斤，岁所入五六金；次者千斤；最下者，岁所入亦不下一二金。故上地之值，每亩十金，而上中者七金，最下者犹三四金。"① 也就是说，每亩桑地产值上者十金，最下者也有三四金，除去雇工工资及其他成本，每亩可得净利上者五六金，最下者也有一二金。

凭着农桑以及女性纺织，茅氏及其姻亲不少成为里中巨富。茅坤虽以科第显，但受家风影响，中年落职后，亦重视治生。特别是其妻姚氏，善操内秉，"督诸僮奴臧获十余辈，力田里，勤纺织"②。不数年，"家亦大饶于桑麻"③。姻亲中，除了外甥顾氏，茅坤外祖父李氏一家亦以此发家：

> 予外大父守素李翁珪，农业起家；而外大母施孺人，复佐以机杼，家故颇饶。已而，伯舅氏观稼公深，稍稍世其业而昌大之。仲舅氏怡稼公渊，……躬督诸僮奴以耕于林墟之西，星而出，星而入，虽风雨寒暑无间也。……又习见母（舅母邵氏）躬督诸婢妾以织于其家，篝火而作，篝火而息，虽风雨寒暑无间也。……故田之所入，数以倍他人；织之所鬻，他贩者来，数争操厚价以购之。虽里中转相效，弗能也。故并观稼公累赀而富，遂以甲于里邑中，为名族。④

茅坤大舅李深，特别是仲舅李渊以及舅母邵氏，都成为农桑和丝织高手，田产收入与织品售价均与茅氏一样，高于里中其他百姓，而成里中富户。

二、多领域商业投资活动

茅坤家族通过种桑卖叶积累了大量资金，而这些资金又被投入店铺业、丝

---

① 茅坤：《茅鹿门先生文集》卷六《与甥顾儆韦侍御书》，《茅坤集》第 2 册，浙江古籍出版社，2012，第 306 页。
② 茅坤：《茅鹿门先生文集》卷二十四《敕赠亡室姚孺人墓志铭》，《茅坤集》第 3 册，浙江古籍出版社，2012，第 691 页。
③ 屠隆：《明河南按察司副使奉敕备兵大名道鹿门茅公行状》，《茅坤集》第 5 册，浙江古籍出版社，2012，第 1461 页。
④ 茅坤：《茅鹿门先生文集》卷二十二《舅氏怡稼李公并邵母合葬墓志铭》，《茅坤集》第 3 册，浙江古籍出版社，2012，第 658-659 页。

织业、刻书业，甚至高利贷等商业活动中，以获取更大收益。茅坤长兄茅乾除继承其父田产、经营农桑外，还很有商业头脑，曾外出经商。茅坤《伯兄少溪公墓志铭》曰："间操赀出游燕，累数千金而归。"① 又祝世禄《南宁判少溪茅公暨配郭安人墓表》曰："时藏名于贾，则贾起万金。"② 茅坤更是在双林塘桥北面开辟市场，经营店铺，形成极其繁华的市廛"赛双林"，繁华程度可以匹敌双林镇老商贸中心。《双林镇志》卷二十二曰："（茅坤）家素饶，既显，筑花园于镇北，广田宅，起市廛，人称曰赛双林，年九十犹往来花林而自督租。"又《双林镇志》卷四《街市》"赛双林"条曰："在成化桥北，明茅鹿门宪副所构市廛，旗亭百队，环货喧阗，故名。渔唱曰：'旗亭百队列方塘，环货喧阗作市场。却笑白华风雅客，苦将钟鼎媲翁张。'""旗亭"即酒楼，"旗亭百队"可见街市之繁华，其店面房租、日常营业等收入也必定可观。

当时湖州双林等市镇能产生高额利润的还有丝织业。《双林镇志》卷十六《沈泊村乐府》曰："商人积丝不解织，放与农家预定值。盘盘龙凤腾向梭，九月辛勤织一匹。"注曰："庄家有赊丝与机户，即取其绢，以牟重利者。"据此可知，豪富之家利用资金收购蚕丝，分包给机户加工成丝织品，出售后就能赚取大利。丝绵、绸缎等蚕丝绸产品势必是茅氏"赛双林"日常贸易的重要商品。而茅氏巨富，又有商业意识和眼光，参与当时繁荣的丝织品交易是自然而然的事。祝世禄《南宁判少溪茅公暨配郭安人墓志铭》提到，茅乾妻郭氏卒后，"蚕妾过而哭者千人"③。这些蚕妾当是与茅氏在蚕桑丝织业方面有业务往来的农妇。茅氏唐家村出产的桑叶也一定会在"赛双林"销售。也就是说，"赛双林"不仅是店铺房产投资，而且应是茅氏桑叶与丝织品销售场所。双林河塘可以通往嘉兴、杭州、吴淞等地，茅坤沿河塘开辟市场，首先在销售方面占据了地理优势。

茅氏家族还投资文化出版业，他们在练市列肆刻书，形成"书街"④。据笔者统计，茅坤家族参与编刊活动的达25人，所编刊的书籍约100部、170种，近1800卷，包括套版书8部、21种，这在中国出版史上极为罕见。茅氏刻

① 茅坤：《茅鹿门先生文集》卷二十三，《茅坤集》第3册，浙江古籍出版社，2012，第668页。
② 朱霞甫：《练溪文献·艺文志》，同治十一年本。
③ 朱霞甫：《练溪文献·艺文志》，同治十一年本。
④ 朱霞甫：《练溪文献·乡村》，同治十一年本。

书，除了经世致用与立言留名，也是为了商业逐利。① 茅坤评点《唐宋八大家文抄》，既借八大家文章以谈文统与经世之略，也关注八大家文章的文学性，并侧重揭示其文法，迎合了晚明士子举业之需。具备如此功能，自然畅销。此书还曾发往南京等地销售。茅坤《与唐凝庵礼部书》曰："族子遣家童，囊近刻韩、柳以下八大家诸书，过售金陵。"此书"盛行于世，海内乡里小生无不知茅鹿门者"②，由此可以想象其刻书的商业利润。据陈尚古《簪云楼杂说》记载，茅坤之子茅镳③，偶向众友吹嘘家中有奇书，然"实无此书。暮归，即鸠工匠及内外誊写者百余人"，"或以口语，或以手授，随笔随刊"，"天将曙，而百回已竣，序目评阅俱备"，"题曰《祈禹传》"。④ 这个故事说明茅氏刻书的雄厚实力：拥有人员数量庞大的编刊队伍，可以编撰、誊写、刻板、印刷、装订一条龙服务，只要有需要，可随时出书，甚至像《祈禹传》这样篇幅百回的巨著，亦可一夕而就。市场上若有什么畅销书，对茅氏来说翻刻极易。茅暎《牡丹亭记》、茅兆海《史记抄》等套色本的刊刻很明显是迎合市场需求。⑤

茅氏资产剧增与高利贷收益、门第势力等也关系密切。茅坤就曾言，妻子姚氏"间操子母钱，以筹时赢"⑥。同里吴梦旸甚至将茅坤的发家致富直接归于姚氏高利贷，其《茅公鹿门传》曰：

公之罢大名归，橐如洗也。兄若弟皆息处士公业而雄于赀。公配姚孺人戏谓公云："公业儒，乃不得为富家翁。"公大笑。姚孺人固有心计，善操内秉，逐十一之息，锱铢无爽。居数岁，赀遂于里中豪垺。⑦

① 参见赵红娟：《明代茅坤家族的编刊活动及其特征》，《古典文献研究》第二十三辑（上卷），凤凰出版社，2020。
② 光绪《归安县志》卷三十六《文苑》，《中国方志丛书》华北地方第83号，成文出版社，1970，影印本，第369页。
③ 据李小龙考证，茅镳即茅坤第三子茅国缙。李小龙：《〈祁禹传〉之谜——文本流传、作者身份及创作命意考论》，《北京师范大学学报》（社会科学版）2018年第6期。
④ 陈尚古：《簪云楼杂说》，《四库存目丛书》子部第250册，齐鲁书社，1997，第507页。
⑤ 参见赵红娟：《明代茅坤家族的编刊活动及其特征》，《古典文献研究》第二十三辑（上卷），凤凰出版社，2020。
⑥ 茅坤：《茅鹿门先生文集》卷二十四《敕赠亡室姚孺人墓志铭》，《茅坤集》第3册，浙江古籍出版社，2012，第691页。
⑦ 吴梦旸：《茅公鹿门传》，《茅坤集》第5册，浙江古籍出版社，2012，第1474页。

茅坤先官后商，凭借门第影响和家族经济实力，成为商业战场中的强者。施樑《何淑人六秩文》谈到凌仲郁在双林"有别业数十间，当市之孔道，度直可千金。鹿门茅先生心欲之，而未敢言。公揣知其意，立简原券畀先生，无难色"①。凌仲郁属湖州凌氏双林支，与晟舍凌氏同宗，乃名医凌汉章之后，且亦以医术名，与不少显宦有往来，故产业颇饶，然而他却主动将繁华地段的房产以原价相让，可见茅氏家族的强大势力。

三、有好利之名的豪富望族

因善于治生，商业经营多样，茅氏资产雄厚，一跃成为江南豪富望族。因家业雄厚，茅氏广置宅第。茅坤在花林构筑了拥书数万卷、号称明代四大藏书楼之一的白华楼；在繁华市镇双林营构了别业，茅家巷也因此得名；在郡城湖州拥有横塘别业，原为赵孟頫故宅，甚有名气。其子茅国缙财力雄厚，万历间曾购得号称湖州城东第一家的沈氏西楼②，复筑双鹤堂、翠云楼。《练溪文献·园第》引沈象先《寓黎废言》曰："东栅旧宅美轮美奂，号城东第一家。万历初始易主。"又引旧志曰，"庄丽甲一镇"，"旧传前后左右共五千零四十八间"。规模之大，简直难以想象，远超当时号称东南巨富的亲家董份在南浔所筑之百间楼。其孙茅元仪练市有老宅，而且湖州郡城长桥有房子，甚至"陪京有甲第，光福有别业"③，且南京甲第是在著名景点赏心亭旁，"该博"即为此宅中堂名。又湖州花林西南有其侄茅一相所筑豪园华林园。茅国缙《苕朔和鸣稿引》曰："康伯辞官拂衣，处华林园，自号园公。"园中有连塍街、文霞阁、竹径、沧浪亭、几桥、竹邬、荷薰汇、澄襟塘、红薇亭、蕉圮、柿偃、啸堂、曲水轩、瘗鹤处、晖照滩诸胜，茅国缙皆有题咏。

因家业饶裕，以赀入太学，进而以赀为郎的，在茅氏家族成员中时有见之。如茅乾"以赀为太学生"，"晚入赀兮始为郎"，"选授广东都司经历"④；又如茅艮

---

① 施樑：《何淑人六秩文》，《凌氏宗谱》卷七，上海图书馆藏顺治间抄本。
② 明知府沈熊之子沈环筑，在练市文星桥东。
③ 茅维：《正议》，《茅洁溪集》，美国哈佛大学燕京图书馆藏明刻本之缩微本。
④ 茅坤：《茅鹿门先生文集》卷二十三《伯兄少溪公墓志铭》，《茅坤集》第3册，浙江古籍出版社，2012，第668页、671页、669页。

"由白衣入赀为太学生，又以赀为郎，授河南布政司经历"①。也因家业丰厚，茅乾、茅翁积、茅维、茅元仪等茅氏家族成员，风流放宕，一掷千金。茅乾平日生活豪奢，逍遥于裘马声伎之场，混迹于纨绔子弟之群；遇到美女，就挥金买归，一生妻妾众多。茅坤《伯兄少溪公墓志铭》曰："两孺人兮早亡，窀左右兮卧明珰。"② 又《亡嫂郭孺人行状》曰，"少操赀贾游四方，一来归，辄买一姬"，"一日从商舶中载而来归者三人，内外且大骇"，"故予兄所后先帷侍者十二人，燕、赵、瓯、越，杂沓以进"。③ 茅维于万历二十四年（1596）闰中秋，"遍召三吴诸贤豪，为会于郡道峰之南"④，饮酒作诗十余日。崇祯十三年（1640），他已66岁，还迎娶年轻姬妾。钱谦益赋诗打趣曰："诗人老似张公子，贱妾应为燕燕雏。"⑤ 特别是茅元仪，万历四十七年（1619）端午主办金陵大社，"客于金陵而称诗者靡不赴"⑥，"举金陵之妓女、庖人、游舫无不毕集"⑦，靡费金钱无数⑧。他也是茅氏家族成员中最挥金如土之人，"先后侍姬凡八十余人"，"金陵列队专房占"⑨，"小袖云蓝结队行"⑩，其中留下名字的就有陶楚生、杨宛、王薇、碧耐、青峭、燕雪、少绪、燕如、新绿（晓珠）、非陵等10人。其中陶楚生、杨宛、王薇三人是明末名妓。美女成群，日夜笙歌，其狎妓声名之大，在当时南京文人圈中首屈一指。⑪

---

① 茅坤：《茅鹿门先生文集》卷二十三《亡弟双泉墓志铭》，《茅坤集》第 3 册，浙江古籍出版社，2012，第 672 页。

② 茅坤：《茅鹿门先生文集》卷二十三《亡弟双泉墓志铭》，《茅坤集》第 3 册，浙江古籍出版社，2012，第 671 页。

③ 茅坤：《茅鹿门先生文集》卷二十八，《茅坤集》第 3 册，浙江古籍出版社，2012，第 772 页。

④ 茅维：《十赉堂甲集》文部卷十一《与何无咎书》，上图藏明刻本，第 30 页。

⑤ 钱谦益：《牧斋初学集》卷十七《次韵茅四孝若七夕纳姬二首》其一，《续修四库全书》集部第 1389 册，上海古籍出版社，2002，第 390 页。

⑥ 茅元仪：《石民四十集》卷十三《秦淮大社集序》，《续修四库全书》第 1386 册，上海古籍出版社，2002，第 188 页。

⑦ 计发：《鱼计轩诗话》卷一，《丛书集成续编》第 158 册，上海书店，1994，第 4 页。

⑧ 计发：《鱼计轩诗话》卷一曰："（元仪）于万历己未五日，创举大社，分赠游资千二百余金，又人各予一金一妓一庖丁，酒筵一席，计二千金。"《丛书集成续编》第 158 册，上海书店，1994，第 4 页。

⑨ 计发：《鱼计轩诗话》卷一，《丛书集成续编》第 158 册，上海书店，1994，第 4 页。

⑩ 钱谦益：《茅止生挽词》其四，见钱谦益《牧斋初学集》卷十七《移居诗集》，《续修四库全书》集部第 1389 册，上海古籍出版社，2002，第 390 页。

⑪ 吴鼎芳《飞楼曲戏柬茅止生》曰，"飞楼宛转芙蓉簇，对列鸳鸯三十六"，"青丝玉壶正倾倒，杨柳乌啼白门晓"。见钱谦益《列朝诗集·丁集十四》，《四库全书禁毁书丛刊》集部第 96 册，北京出版社，1997，第 572 页。

　　茅氏家族既善于赚钱，又很能花钱。广置宅第、入赀为郎、风流放宕、挥金如土，这一切更让时人将茅氏家族与"好利"挂起钩来。茅坤虽然进士出身，官至大名兵备副使，但因门庭豪富，且年老还亲自督租，有人就当众呼其为茅翁，"讥其好利而不自揣度，则好利之尤者也"[1]。朱彝尊甚至认为，茅坤之所以拿到了"唐宋八大家"的"冠名权"，就是因其有钱而能抢先刊刻《唐宋八大家文抄》，"茅氏饶于赀，遂开雕行世"[2]。甚至在茅氏族人文集中，亦可见到时人对茅氏好利的评价："子孙息先人业，稍骛声利，修郄者遂辱以朱公、猗顿之目，横得豪名。"[3]陶朱公、猗顿都是春秋战国时的富甲一方的大商人，时人把茅氏看作陶朱公、猗顿，显然是讥其好利。

（作者单位：浙江外国语学院）

---

① 周庆云：《南浔志：点校本》上册，赵红娟、杨柳点校，方志出版社，2022，第768页。
② 朱彝尊：《明诗综》卷四十七，中华书局，2007，第2089页。
③ 茅瑞征：《澹朴斋集》卷二《寿从父太峰翁八十序》，日本尊经阁文库藏明刻本，第25页。

"无惭尺布裹头归"

——遗民儒者吕留良独特的服饰观

张天杰　梁雨

吕留良（1629—1683），又名光轮，字庄生、用晦，号晚村、耻翁、南阳布衣，暮年为拒清廷举荐，削发为僧，名耐可，字不昧，号何求老人，学者称晚村先生，崇德（康熙元年改名石门县，今属浙江省桐乡市）人。吕留良一生以程朱理学为宗，著作有《吕晚村文集》《东庄吟稿》与《吕晚村先生家书真迹》等。吕留良既是著名的遗民，又是杰出的儒者，独特的思想使其成为最富有争议的人物。一方面，因其在时文评选之中强调"华夷之辨"大于"君臣之伦"，于是就在儒家传统节义之道的背后蕴藏了复杂的种族观念。[①]后来曾静投书岳钟琪，雍正帝认为吕留良的思想是导致曾静煽动叛乱、诽谤朝廷的直接原因，故将已死多年的吕留良剖棺戮尸、下令其后人流放东北宁古塔，成为清代文字狱的一大巨案。另一方面，因其推崇程朱，他家的天盖楼书局成为程朱思想最为重要传播者之一，吕留良与张履祥、陆陇其等人一起为清初朱子学的复兴作出了重要贡献。

值得特别注意的是，因为清军颁布"剃发令"与"易服令"，江南一带发生了"江阴八十一日""嘉定三屠"等地方士人领导的抗清斗争。对于清初遗民而言，延续传统服饰成为传承圣学的重要组成部分，同时也是寄托"反清复明"思想的关键，甚至具有某种历史使命的象征意味。要想准确把握清初士人生活的

---

① 张天杰：《吕留良时文评选中的遗民心态与朱子学思想》，《苏州大学学报》2017 年第 4 期。

实况，特别重要的就是把握他们因为易代而造就的遗民意识与其作为儒者所肩负的复兴程朱理学的责任担当，遗民与儒者这两个最基本且最重要的双重身份值得特别注意。[①] 此问题在吕留良身上表现得特别突出，他的遗民情怀与尊朱立场，不但表现在时文评选以及刊行"程朱遗书"之中，也表现在其数量不少的家训类文献之中，特别是其中讨论发式与服饰的内容，涉及遗民儒者独特的葬制观念。将吕留良的这些主张与黄宗羲、张履祥等人的思想比较，则可以看出经历明清鼎革之变对一代士人在发式、服饰等诸多方面的影响。

一、吕留良的身世与遗民情结

吕氏家族并非高门望族，世代以经商为业，至吕留良的曾祖吕相之时，财富已达盛至倾邑的规模，但因家族无在朝为官之人，故社会地位一直不高。吕留良的本生祖吕熿于嘉靖十七年娶明朝宗室淮庄王长女南城郡主为妻，成为淮府仪宾中奉大夫，后来为了侍养父母而与郡主一同回籍。其本生父吕元学为万历二十八年举人，后谒选为繁昌知县，兴利除弊有循吏之称。吕元学育有五子：大良、茂良、愿良、瞿良和留良，吕茂良官刑部郎，吕愿良官维扬司李。

吕留良在其父卒后四月方由侧室杨孺人所生。出生之后，其母无力照料，将他交给三兄愿良夫妇抚育。吕留良三岁时，三嫂病故，被过继给堂伯父吕元启。不久，嗣父、嗣母以及本生母相继过世。吕留良的童年几乎是在不间断的服丧之中度过的："计自始生至十五岁，未尝脱衰绖，见他儿衣彩绣，曳朱履，如衮冕之不易得。人世孤苦，无以加此。"[②] 当时的吕家已经成为官宦世家与文化世家，故而吕留良得以接受良好的家庭教育，并表现得聪慧超群。但是吕留良整个少年时代一直都在服丧，不能穿着鲜亮的服饰，与身边同伴的彩衣、朱履形成明显的对照。

十六岁时，吕留良遭逢明亡清兴，不得不面临艰难的出处抉择。起先，他散金结客、毁家纾难，曾与其友孙爽、侄儿吕宣忠等人参与太湖义军的抗清斗争，奔走于山林草莽之间，以图救国。顺治三年，太湖义军兵败，吕宣忠被捕，

---

① 张天杰：《张履祥遗民与儒者的双重身份及其人生抉择》，《湖南大学学报》2009 年第 6 期。
② 吕留良：《戊午一日示诸子》，俞国林编《吕留良全集》第一册，中华书局，2015，第 256 页。

后被杀害于杭州，年仅二十四岁。吕宣忠的舍身就义对吕留良的精神打击非常大，他清楚明王朝的覆灭已成定局，复明之望化为泡影。顺治五年，吕留良返回故里，循迹田园，潜心书册，专意治学。后来，因为害怕仇家陷害，加上他的三兄愿良、四兄瞿良和好友孙爽相继去世，他更感到孤立无援，心情极度悲痛："生才少壮成孤影，哭向乾坤剩两眸"①。经历山河颠覆和亲人罹难的明宗室姻亲后人吕留良，内心充满了对于清朝的仇恨情绪，也因为剃发易服而视满人入主中原为华夏民族的耻辱。然而，由于家族内部的压力以及仇家的构陷，羽翼未丰的吕留良被迫易名应试。吕留良二十五岁时，易名光轮，参加清廷的科举考试，成为清朝的诸生。其子吕葆中在为其所作的《行略》中说："癸巳始出就试，为邑诸生，每试辄冠军，声誉籍甚。"②由此可知当时的吕留良，虽不汲汲于功名，却在举业上有着非凡的才能，而后从事时文评选而成名也就不足为怪了。张符骧的《吕晚村先生事状》中有这样一段文字：

> 当是时，鳌折尘扬，巢倾卵覆，瓮绳无蔽，风雨浡漂。先生悲天悯人，日形窭叹。而怨家狺吽不已。昵先生者咸曰："君不出，祸且及宗。"先生不得已，易名光轮，出就试，为邑诸生。③

吕留良却在诗文中多次写到他误入科场的反悔与自责。康熙五年，他决意放弃清廷诸生身份，坦荡地向世人展示自己的明遗立场。据吕葆中《行略》记载，当时引起"一郡大骇，亲知莫不奔问旁皇"④。吕留良写有著名的《耦耕诗》，表达其隐居不出、终老乡野的志向。然而清廷却并未轻易放过吕留良，康熙十七年有博学鸿儒之征，浙江当局首荐吕留良，他誓死拒荐；康熙十九年又有山林隐逸之征，吕留良闻知消息当即吐血满地，无奈只得在病榻之上削去头发，披上袈裟，隐居于吴兴妙山的风雨庵。⑤削发披缁一事其实从发式、服饰上对

---

① 吕留良：《余姚黄晦木见赠诗次韵奉答》，载俞国林笺释《吕留良诗笺释》卷二，中华书局，2015，第206页。

② 吕葆中：《行略》，俞国林编《吕留良全集》第二册，中华书局，2015，第864页。

③ 张符骧：《吕晚村先生事状》，《碑传集补》卷三六，转引自卞僧慧著《吕留良年谱长编》，中华书局，2003，第92页。

④ 吕葆中：《行略》，俞国林编《吕留良全集》第二册，中华书局，2015，第865页。

⑤ 卞僧慧：《吕留良年谱长编》，中华书局，2003，第255、265页。

吕留良的心灵造成了新的伤害。雍正十年，吕留良被剖棺戮尸，甚至连累子孙以及门人，或被戮尸，或被斩首，或被流徙为奴，罹难之惨烈，可谓清代文字狱之首。①

吕留良因其独特的遗民儒者身份，交游之人多为坚守遗民矩矱的明遗人士，如孙爽、张履祥、黄宗羲、黄宗炎、高斗魁、何汝霖、王锡阐等。在这些遗民名士之中，对其影响最大的当属黄宗羲和张履祥。吕留良早期与黄宗羲交往密切，曾聘其到崇德家中的梅花阁坐馆讲学，在对归隐的向往和对生员身份的厌恶等方面深受其影响，但后来二人因澹生堂购书等诸事纠纷而产生嫌隙，在学术思想上也分道扬镳。②张履祥则对吕留良产生了更加深远的影响，比如行为上，吕留良在其建议下放弃行医和时文评选，二人合力刊行程朱遗书，传播程朱理学思想；思想上，吕留良专攻程朱理学，赞同并学习吸收张履祥的尊朱思想并设馆授徒，身益隐而名益高，其学术思想最终成熟。③

吕留良为了其家族在清廷之下的生存，不得不在参加科考等方面有所让步。但是，与参加科举便有心功名的变节遗民不同，其遗民情结自始至终萦绕在胸，故而一旦时机较为成熟，便坦露其遗民本色，且颇为坚决，义无反顾。略述其身世与遗民心态，是因为少年之时"未尝脱衰绖"以及易代之后的"尺布裹头"心理、晚年不得不削发披缁等，都是关涉其服饰观的重要问题。

二、日常生活之服饰观

身处明清鼎革之际的遗民儒者吕留良，对于日常生活之中服饰也有其独特的思考。浦江郑氏家族以孝义治家，自宋迄明九世同居，号为"义门郑氏"。洪武十八年，明太祖朱元璋亲题"江南第一家"匾额，以示旌表。吕留良曾见过浦江郑氏家训，即《义门规范》，又称《郑氏家仪》，本于司马光《书仪》与《朱子家礼》损益而成，成为后世家族规范的代表。康熙十年除夕，吕留良参照他所了解到的郑氏家训而作《壬子除夕示训》一文。他认为《义门规范》规矩太细、

---

① 卞僧慧：《吕留良年谱长编》，中华书局，2003，第378、397页。

② 赵永刚：《黄宗羲、吕留良交恶与澹生堂藏书之关系》，《贵州大学学报》2015年第2期。

③ 张天杰、郁震宏：《张履祥传》，浙江人民出版社，2016，第150~164页。

法度太全，在仓促之间不易领会，于是计划根据自己家族的需要慢慢加以训示。他特意在除夕之时训示于子弟，以与家庭成员共勉，对维护大家族内部各种关系起了很大的作用。吕留良提倡勤俭持家，无论对自己还是对子女都有严格要求。他在自己创立的家训之中，特别对日常服饰方面作出明确规定：

> 子孙繁多，衣食艰难，今当事事节缩，如食不必兼味，衣用绸布，勿好绫罗绣缎及金珠无益之物。①

吕留良特别强调，子孙繁多之后，衣食问题的解决也会越来越艰难，故而要事事节缩；家中子女所穿的衣服应当用绸布，也就是一种比较粗的丝织成的绢布，不能使用高档的绫罗绣；同时反对佩戴金银、珠玉，认为这些奢侈品都是无益之物。这一条训诫其实可以联系吕留良少年时代的生活，虽然因为服丧而导致心境凄苦，但在服饰上养成的俭朴作风其实对其人格养成有着一定的积极意义。

对日常生活中的服饰的态度，张履祥其实与吕留良颇为一致，故在深究吕留良日常生活之服饰观后，有必要对比一下张履祥对日常服饰的具体要求，从而使得我们对当时的遗民儒者独特的服饰观有更加具体而明晰的认识。就日常生活而言，张履祥也主张勤俭持家，特别强调不要过分追求物质的享受和外表的华丽。他在家训中指出：

> 男子服用固宜俭素，妇人尤戒华侈。妇人只宜勤纺织、供馈食，簪珥衣裳简质而已。若金珠绮绣，求其所无，慢藏诲盗，冶容诲淫，一事两害，莫过于此。②

张履祥劝告世人不要在吃穿用度等方面追求奢华，服饰上应当保持俭素，妇人更当戒除奢侈之风，在衣裳、首饰上必须简单、质朴。他还强调，诲淫诲

---

① 吕留良：《壬子除夕示训》，俞国林编《吕留良全集》第一册，中华书局，2015，第253页。
② 张履祥：《训子语上》，载张履祥著、陈祖武点校《杨园先生全集》卷四十七，中华书局，2002，第1356页。

盗往往因为对服饰的过分追求。

> 幼少之日，寒一帛，暑一绢，非敝尽不更制。壬午以后，则布衣布裳终焉而已。固缘贫穷孤寒，情事莫伸，有痛于心而然；亦由壮岁经凶经乱，见饥死者父子兄弟不能保，罹兵者城邑村落为邱墟。……幸兹以延先祀，于分过矣，于赐厚矣，敢萌侈心？后人虽遇太平，处丰乐，愿勿忘此意也。①

张履祥经历了鼎革之际的凶年和战乱，目睹了很多人因饥饿而死，父子兄弟都无法保全，许多城邑村落被战争摧毁。在这样悲惨的境遇下，张履祥认为自己是幸运的，能够延续祖先的香火，已经过分地享用了上天赐予的恩惠，所以告诫后人不应有任何奢侈的心思，即便将来遇上丰乐之年，也不能忘却俭素的家训。

所以对遗民儒者这一群体而言，最为现实的问题在于，如何在"末世"偷生？其独特的服饰观形成的重要基石，便是对道德的体认和践履。在日常服饰方面，吕留良和张履祥都认为改朝换代之际比平常更加应当注意处处节约，不要追求绫罗绸缎和金银珠玉等无益的东西，这种观念正是基于他们对当时社会环境和自身境遇的深刻反思。由于清初遗民的独特身份，再加之社会动荡、民生艰难，他们更深知在服饰上节俭的必要性。

三、葬制之服饰观

吕留良家训中的《遗令》涉及了葬制中的服饰观。康熙二十二年，吕留良自知天不假年，于是写下《遗令》以便安排后事，其中特别强调明代士人的发式与服饰。他去世后，家人正是按其《遗令》的要求取皂帛裹头，而不作清朝装束。②《遗令》写道：

> 不用巾，亦不用幅巾，但取皂帛裹头，作包巾状。衣用布，或嫌俱用布太

---

① 张履祥：《训子语上》，载《杨园先生全集》卷四十七，中华书局，2002，第1356页。
② 卞僧慧：《吕留良年谱长编》，中华书局，2003，第307页。

涩，内袄子用绸一二件可也。贴身不必用绵敛，勿以我敛伯父法亦用之。小敛大敛，敛衾必须炤式。

棺底俗用灰，则土侵肤矣，他物俱不妙，惟将生楮揉碎实铺棺底寸余，然后下七星板为佳。敛后棺中空隙之处，以旧衣捱翠为妙。然下身必不榖，亦莫如成块生楮，轻而且实。凡未敛以前，亲族送生楮，勿烧坏。

故旧亲友，有作祭奠者，力辞之，止受香烛。……一月即出殡，于识村祖父墓之西，壬山丙向，三月即葬。①

吕留良在葬制上提倡"简而不奢"，不追求奢侈与浮华的作风，而是讲求自然。下葬时必须穿戴明代士人的传统服饰，"皂帛裹头，作包巾状"，即"尺布裹头"，而不能出现清代士人的剃发模样。另外，所穿的衣服最好全部用粗布，如果担心粗布太涩，那么内穿的袄子可以用绸布，也就是绵绢。他还强调，必须力辞故旧亲友前来祭奠，最多只是接受香烛，并且一月就出殡，三月就入葬，因其遗民身份，他不愿葬礼奢华，也不想有太大动静，希望早早入土为安。

黄宗羲对葬制有着更为专业的研究。黄宗羲学问广博，思想深邃，在《葬制或问》和《梨洲末命》等文中，他极力推崇古代的薄葬者，赞赏汉代杨王孙等人的薄葬观。他在临终之际写下《筑墓杂言》，谕令其子孙、弟子：

吾死后，即于次日至圹中，敛以时服，一被一褥，安放石床，不用棺椁，不作佛事，不做七七，凡鼓吹、巫觋、铭旌、纸钱、纸幡一概不用。②

黄宗羲希望自己的丧葬尽可能简朴和自然，尽快埋葬，不需要棺椁，并强调不要任何佛、道的法事，不希望有烦琐的仪式。只要一被一褥，将其遗体安放在石床之上，而其所谓"时服"，结合后世流传的遗像等来看，应当就是"尺布裹头"的明代时服。对此，全祖望曾有说明："公自以身遭家国之变，期于速

① 吕留良：《遗令》，俞国林编《吕留良全集》第一册，中华书局，2015，第250页。
② 转引自黄炳垕：《黄梨洲先生年谱》卷下，载吴光执行主编《黄宗羲全集》第22册，浙江古籍出版社，2012，第51页。

朽，而不欲明言，其故耳。"① 黄宗羲还有《梨洲末命》，再次提及薄葬：

> 吾死后，即于次日之蚤，用棕棚抬至圹中，一被一褥，不得增益；棕棚抽出，安放石床。圹中须令香气充满，不可用纸块钱串一毫入之，随掩圹门，莫令香气出外。

> 凡世俗所行折斋、做七、一概扫除。来吊者，五分以至一两并纸烛，尽行却之。②

可以看出，黄宗羲要求速朽的态度，比吕留良更加决绝。但又要求墓穴之中"香气充满"，还不能让"纸块钱串"进入，这是其追求高洁人格的一种独特体现。再三强调去除折斋、做七等世俗礼仪，并且拒绝前来吊唁者，甚至香烛也要拒绝，这一点也比吕留良更加绝对化，也是其对遗民身份更为审慎的确认。

吕留良与黄宗羲关于葬制的相关遗训，虽也是针对当时的厚葬世风而发，但更多的意味还是出于他们遗民儒者的身份。他们都强调丧葬应当以简朴和自然为主，不过分追求奢华和烦琐的仪式，特别反对佛、道法事，反对世俗的吊祭无度，强调尽快入葬。

四、"尺布裹头"与遗民情结

吕留良所说的"皂帛裹头"，也就是他在《耦耕诗》中所说的"无惭尺布裹头归"，事实上源自汉族士人传统的葬制观念，到了清初则成为明朝遗民表达其道德坚守的一种最为简单而自然的方式。

康熙五年，吕留良在生员考试前夕造访本县学官陈祖法，请求其帮助自己放弃诸生身份，并出示《耦耕诗》：

> 谁教失脚下渔矶，心迹年年处处违。雅集图中衣帽改，党人碑里姓名非。

---

① 转引自黄炳垕：《黄梨洲先生年谱》卷下，载《黄宗羲全集》第22册，浙江古籍出版社，2012，第51页。
② 黄宗羲：《梨洲末命》，《黄宗羲全集》第1册，浙江古籍出版社，2012，第176页。

苟全始信谈何易，饿死今知事最微。醒便行吟埋亦可，无惭尺布裹头归。[①]

该诗使人体会到保持整全纯洁的人格的艰辛，读之能感受到其中所隐藏的挣扎历程。陈祖法敬重吕留良的胆识和气节，并感叹"此真古人所难，但恨向日知君未识君耳"。[②]该诗寄托的是吕留良经历易代之变而誓全大节的决心，此后，他便在城郊的南阳村东庄隐居下来。关于"尺布裹头"一句，吕留良的弟子严鸿逵注释道：

此命题之大旨也，程子曰："饿死事小，失节事大。"又曰："僧家若有达者，临死必索一尺布帛，裹头而去。"所谓"雅集图中衣帽改"者，指应清廷试为诸生，着生员服之事；"党人碑里姓名非"者，指为应清廷试而易名光轮之事。[③]

由此可知，吕留良特别强调的"尺布裹头"，与程颢所说的"失节"有关。另外，吕留良还对参加科举的时候穿着生员服饰一事耿耿于怀；改名光轮，也是无奈之举，可见其深刻的遗民情结。据其子吕葆中的《行略》记载，吕留良临终之际还在论及"尺布裹头归"之事：

顾先君自此亦病甚矣。幼素有咯血疾，方亮功之亡，一呕数升，几绝。辛亥以后，遇意有拂郁，辄作。至庚申夏，方对客语，而郡札适至，喷嚏满地，坐客咸愕然。自后病益剧。先君自知不起，尝叹曰："吾今始得'尺布裹头归'矣，夫复何恨！"但夙志欲补辑《朱子近思录》及三百年制义名《知言集》二书，倘不成，则辜负此生耳！[④]

吕留良早年有呕血之症，到了晚年又多有发作，隐居山林后再度呕血，不得不削发披缁，没过多久就大病不起，临终则感叹自己终于得偿所愿，"尺布裹头归"，摆脱清朝的种种纠葛。

① 吕留良：《耦耕诗》，俞国林：《吕留良诗笺释》卷二，中华书局，2015，第430页。
② 卞僧慧：《吕留良年谱长编》，中华书局，2003，第147页。
③ 俞国林：《吕留良诗笺释》卷二，中华书局，2015，第433页。
④ 吕葆中：《行略》，俞国林编《吕留良全集》第二册，中华书局，2015，第866页。

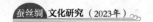

　　"尺布裹头"的观念，吕留良在与南京人徐州来的书信之中也讲到。徐州来是吕留良客游南京遍访藏书大家时所结识的友人，家中藏书甚丰。康熙十五年，吕留良因寄售图书与叶姓坊人发生纠纷，故写信请求徐州来帮忙解决：

　　弟自遭先仲变后，心绪恶劣，事端叢伙，直无有生之乐，更不足为老兄道也。前札所称某某见许，此固野人之幸，然非野人之意也。弟之论文，自论文耳，何尝有某某在其心目中乎？孔庐老婆心切，欲于此中寻取上乘根器，弟窃未知其可也。先儒谓："佛门若有一个男子，临死时定索尺布裹头去。"立身瓦裂，更论何书，岂非鬼念《大悲咒》耶？淫坊酒肆，尽是道场，只除异端有此忏悔活路，恐儒门无此法也。吾辈虽欲曲为之通，其如枉己正人何！若今日不可无扶进拨转之功，亦只可望之未经沉溺者耳。①

　　吕留良说自己的"论文"，即时文评选之书，并非"于此中寻取上乘根器"，而是有着另外一番寄托。信中所提及的先儒就是程颢，程颢所说的"佛门若有一个男子，临死时定索尺布裹头去"，在吕留良看来是对佛教的一种批评，不得已而入了佛门，必定是士人的最大遗憾，所以他自己晚年不得不削发披缁之时，流泪不止。佛门男子的"尺布裹头"当然也是一种"忏悔活路"，但作为儒者却也无从忏悔了。吕留良表明自己这一辈子的无可奈何，虽然努力拒绝与清朝合作，但还是有着丧失气节和尊严的污点，后来又在时文评选之中有所寄托，希望当时的士人能够"未经沉溺"。但这种隐晦的寄托，"曲为之通"，"枉己正人"，恐怕是没什么效果的，当然他不可能想到后来还有曾静这一桩大案发生。"尺布裹头"，作为汉族传统士人的服饰，是吕留良反复惦念的名节的象征。

　　关于"尺布裹头"这一服饰的具体形制，李时珍在《本草纲目》中曾有提到。"尺布裹头"就是头巾的最初形式：

　　古以尺布裹头为巾，后世以纱、罗、布、葛缝合，方者曰巾，圆者曰帽，加以漆制曰冠。又束发之帛曰幧，覆发之巾曰帻，罩发之络曰网巾，近制也。②

---

① 　吕留良：《与徐州来书》，俞国林编《吕留良全集》第一册，中华书局，2015，第83-84页。
② 　李时珍：《本草纲目》器部一，中国医药科技出版社，2016，第4140页。

晚明时代的士人平时也多以"尺布裹头"作为头巾。比如黄宗羲的老师刘宗周，听说崇祯帝去世，带领绍兴的士人们为其发丧，并积极组织军队北上抗清："乃至行省语巡抚黄鸣俊，一面发丧，一面整旅北进。……先生尺布裹头，伏地而号。官吏士民，和者数万，声震屋瓦。"[1]刘宗周在家国危亡之际，特别要以"尺布裹头"，这一点被黄宗羲所记录，当是考虑到了清朝的剃发易服政策，"尺布裹头"正是易代之际的特殊象征，其中隐含着的是士人的道德坚守，特别是在君主驾崩、国破家亡之际。

"尺布裹头"作为汉族士人的标准服饰，从宋代开始就被加以强调。

> 程子曰：《传灯录》诸人如有达者，临死时决定当寻一尺布裹头而死，必不肯削发胡服而终也。知归子曰：法法不相知，法法不相到，法法空寂，法法平等。如以一尺布为实法，则世间以尺布裹头而死者，其皆得谓之闻道邪！古之人固有断发文身而称中权者，又何说也？不知实际理地，不受一尘，四大本空，尺布何有？若论佛事门中，竿木随身，逢场作戏，其为尺布也多矣！即安得以我之所余，傲彼之不足也。[2]

程颢认为，明"理"的达人在临死时一定会找一尺布裹头而死，而不是以"削发胡服"而终。这其实是说，在传统士人看来，真正的通达之人或不得已而入了佛门，但在临终之际还是要"尺布裹头"，回归于儒者的本来面目。知归子则认为，真正的通达之人应当体会到了"法法空寂，法法平等"，不受任何世俗的干扰，无须执着于一尺之布。这当然是佛门的看法，儒者的看法则还是不同的，确实是有所执着的。

到了晚明时期，刘宗周的友人高攀龙在其《心性说》中也谈及了"尺布裹头"的服饰观念：

> 圣人之学，所以异于释氏者，只一性字。圣人言性，所以异于释氏言性

① 黄宗羲：《子刘子行状》，吴光主编《刘宗周全集》附录，浙江古籍出版社，2012，第28页。
② 彭际清：《一乘决疑论》，石峻等编《中国佛教思想资料选编·宋元明清卷》，中华书局，2014，第446页。

者，只一理字。理者天理也，天理者天然自有之条理也。故曰天叙、天秩、天命、天讨，此处差不得针芒。先圣后圣，其揆一也。明道见得天理精，故曰：《传灯录》千七百人，若有一人悟道者，临死须寻一尺布裹头而死，必不肯削发异服而终。此与曾子易箦意同。此理在拈花一脉之上，非穷理到至极处，不易言也。①

在高攀龙看来，儒家的圣人之学与佛门的区别仅在于一个"性"字，圣人谈论的性不同于佛家所讲的性，只在一个"理"字上。这个"理"指的是天理，即"天然自有之条理"，天叙、天秩、天命、天讨都离不开这个"理"。在高攀龙看来，曾子病重却坚持更换"华而睆，大夫之箦"，不愿睡着不符合自己身份的席子去世，这就是儒者的节义之道。

"尺布裹头"的观念一直延续到了清末。章太炎为其父章濬所写的传记里提及，其父临终之际曾说："吾家人清已七八世，殁皆用深衣敛。吾虽得职事官，未尝指吏部。吾即死，不敢违家教，无加清时章服。"② 关于这一习俗，《清稗类钞》记载：

国初，人民相传，有生降死不降，老降少不降，男降女不降，妓降优不降之说。故生必从时服，死虽古服无禁；成童以上皆时服，而幼孩古服亦无禁；男子从时服，女子犹袭明服。盖自顺治以至宣统，皆然也。③

鲁迅先生在 1921 年时写过一篇《"生降死不降"》的文章："你看，汉族怎样的不愿意做奴隶，怎样的日夜想光复，这志愿，便到现在也铭心刻骨的。……只是汉人有一种'生降死不降'的怪脾气，却是真的。"④ 不愿意做奴隶、日夜想光复，这类志愿恐怕至少少数汉人会有，只有诸如"生降死不降"之类的习俗，

---

① 高攀龙：《心性说》，黄宗羲《明儒学案》卷五十八，中华书局，2008，第 1411 页。
② 章太炎：《先曾祖训导君先祖国子君先考知县君事略》，《章太炎全集》第 9 册，上海人民出版社，2018，第 212 页。
③ 徐珂：《清稗类钞》第 13 册《服饰类》，中华书局，2010，第 6146 页。
④ 鲁迅：《生降死不降》，载《鲁迅全集》第 8 卷《集外集拾遗补编》，人民文学出版社，2005，第 121 页。

才会在一部分士人家族之中成为代代相传的"怪脾气",并且会在特殊的机缘之中生根发芽。

五、结语

吕留良亲历山河崩坏、异族入侵,为图复国,毁家纾难,奔走山野之间,后来失意而高卧乡间,著书立说,多次拒应清廷之召。他的一生,正是易代之际遗民儒者典型的一生。吕留良因其独特的身份,表现出独特的服饰观,主要体现在日常生活、葬制以及"尺布裹头"的情结之中。不参与新朝仕途的偷生者,更注意服饰之俭朴,拒绝追求绫罗绸缎和金银珠玉之类的奢华;葬制特别强调俭朴,反对烦琐的礼仪;特别强调"尺布裹头"这一带有民族服饰印记的汉族士人身份标志。总之,吕留良的服饰观念来自特殊时代之中的反省和感悟,更为可敬的是他敢于坚持自己的立场,能够在新朝紧张的政治环境下,通过个体实践的方式表达出来。"尺布裹头",小小的头巾之服饰蕴含着吕留良等生活在清初社会环境之中的遗民儒者对自身境遇的深刻反思。从宋儒程颢所说的儒佛之辨,发展到清儒吕留良的华夷之辩,服饰观念具有独特的象征意义,为我们重新审视明清鼎革之变给士人带来的深刻影响提供了一个特别的视角。

（作者单位：杭州师范大学）

论宋代采桑诗的创作新变

郑倩茹

　　采桑诗是指具有采桑母题性质的作品。凡描写、涉及采桑活动或运用采桑意象典故的作品皆视为采桑诗。据此标准统计,《全宋诗》所收采桑诗共 341 首,其中北宋 133 首,南宋 208 首。目前学界对宋代采桑诗的研究大多着眼于主题、叙事等细节,较少从整体上探究宋代采桑诗的创作模式,本文将从创作模式、人物形象、写作特色等方面进行探究。

一、回归现实的创作模式

　　采桑诗滥觞于《诗经》,如《鄘风·桑中》《魏风·汾沮洳》《魏风·十亩之间》,虽篇幅短小,却以叙述的口吻记述了采桑女的爱情故事和民俗风情。《楚辞》在篇幅上有所增长,情节更为丰富,铺叙和叙事手法也有所加强,初步具备采桑叙事诗的艺术特征,以及采桑女鲜明的形象和完整的故事情节,如宋玉的《登徒子好色赋》。汉代出现了《陌上桑》《秋胡行》《美女篇》等名篇,从不同角度塑造采桑女形象,是古代采桑叙事诗的上乘之作。魏晋至六朝采桑题材的诗文创作出现高潮并有很多拟作,其中最突出的是冶艳歌舞曲的进一步创作,如《采桑度》歌舞曲的创作。唐代采桑诗逐渐衰微,大多转化为闺怨题材,至唐晚期采桑主题发生变化,采桑女开始回归现实。宋代采桑诗数量较多、内容丰富、主题鲜明,上古采桑主题艳情色彩完全消逝,采桑女形象真正回归现实,具体而言有以下几种变化:

（一）祭祀题材的新创

宋代之前已有亲桑礼、亲蚕礼，唐代在行先蚕礼时，有《享先蚕乐章》的郊庙歌辞用于奏乐，但诗的内容并未真正记录采桑养蚕行为，不以之为描写对象。宋代有专门的帖子词、宫词等来记写，实乃有宋一代之特色。宋代祭祀类的采桑诗共44首，包括帖子词、宫词、挽词、郊庙歌辞等，所记多为以皇后为首的后妃亲蚕躬桑的事迹。以帖子词这一新创文体形式来写作，主要有周麟之的《太庙乐章·皇后阁五首》，欧阳修的《端午帖子·皇后合五首》，苏轼的《皇太妃阁五首》，王仲修的《御阁端午帖子》，司马光的《春贴子词·皇后阁五首》，夏竦的《内阁春帖子》，周必大的《端午帖子·太上皇后阁》，赵湘的《皇后阁春帖子》等等。

帖子词主要描写皇家的祭祀活动，多为应制的歌功颂德、祈愿升平之作，不以咏怀言志为旨，思想价值较弱，但是对了解宫廷仪制、节令时序等具有一定的史料价值，内容以纪写亲桑躬桑、颂扬美德、节序时令为主。

周必大《端午帖子·皇后阁》其三："筒黍尝思时献稏，彩丝系处忆亲蚕。女红躬俭今犹昔，应有诗人赋二南。"[1]

苏轼《端午帖子·皇太妃阁五首》其一："午景帘栊静，熏风草木酣。谁知恭俭德，彩缕出亲蚕。"[2]

除了帖子词外，还有宫词、挽诗等，表达的主题与帖子词类似，多是颂扬美德、纪写采桑和规谏称颂之作，歌咏的主体为后妃，也有写宫女，写宫女的宫词多是纪写宫中事物。

王仲修《宫词》其八十一："茧馆轻寒晓漏残，春阴桑柘碧于蓝。宵衣愿治先农事，故敕宫娥学养蚕。"[3]

楼钥《安恭皇后挽词》其一："吴女簪新柰，梁房掩旧兰。春深蚕事起，谁

---

[1]《全宋诗（第 43 册）》卷 2331，北京大学出版社，1998，第 26817 页。

[2]《全宋诗（第 14 册）》卷 829，北京大学出版社，1998，第 9592 页。

[3]《全宋诗（第 15 册）》卷 876，北京大学出版社，1998，第 10201 页。

复上桑坛。"①

　　作品所记多为以皇后为首的后妃亲蚕躬桑的事迹，表现辛勤劳作、尊重自然神明就会得到神灵庇佑，获得农业丰收。亲桑亲蚕自古是"后妃之德"的标志，体现出对"礼"和"德"的重视和强调。

（二）闺怨艳情的继承

　　采桑诗所带有的闺怨艳情色彩与采桑母题的源起紧密相连，《诗经》中的采桑诗歌咏爱情，汉乐府《陌上桑》中使君戏罗敷的故事、罗敷美女的形象对采桑诗有很大的影响。魏晋南北朝时期采桑诗的主题或是写罗敷故事，或是写爱情闺怨，或是歌咏美人。闺怨相思类的采桑诗在南北朝时期最盛，唐代亦很多，但宋代女子视角的闺怨相思类的采桑诗减少，更多的是男性诗人在诗中运用意象典故表现对"罗敷"的欣赏。

　　胡仲弓《采桑女》："叶满筐箱花满簪，低头微笑出桑阴。后来若有秋胡子，说与黄金必动心。"②

　　诗中刻画了勤劳、娇俏、渴望爱情的采桑女。"叶满筐箱"可见采桑女采了满满一筐的桑叶，采桑叶的劳动并不妨碍采桑女活泼的本性，采桑叶的同时还采花并簪到自己的头上，可见采桑女亦是爱美的，百种温柔、千般娇羞地走出桑林更展现了其娇俏可爱，同时采桑女也是渴望爱情的。

　　潘玙《采桑曲》："东采桑，西采桑，春风陌上罗裙香。为怕蚕饥急归去，回头忽见薄情郎，如何富贵却相忘。"③

　　诗中表现的是采桑忙碌却遇薄情郎、内心有怨的采桑女形象。"罗裙香"是运用通感来展现采桑女之"美"。"东采桑、西采桑"看似写采桑忙碌，实则写采

---

① 《全宋诗（第47册）》卷2547，北京大学出版社，1998，第29530页。
② 《全宋诗（第63册）》卷3337，北京大学出版社，1998，第39847页。
③ 《全宋诗（第64册）》卷3341，北京大学出版社，1998，第39922页。

桑女心中焦急慌乱，路上还遇到了薄情的男子，"富贵相弃"可见内心对他充满了怨怼。

（三）农事田家题材的增加

宋代采桑诗最大的特色是农事田家类题材的增加，宋代采桑诗共341首，农事田家类有174首，多是反映农村生活，以白描手法，或是写农家景象、田家风光，或是写农家风俗，多表现田园之乐，体现诗人对农家生活的一种向往。诗中也常出现农事繁忙、采桑辛苦、苛捐杂税等，表现诗人对劳动人民的同情。

舒邦佐《蚕妇叹》："舍南舍北争采桑，欲老未老蚕满筐。晓切叶缕细且长，夜梦茧簇白间黄。缫成万丝手中香，医得三月眼前疮。有余更著输官忙，无衣敢歌辛岁章。"[①]

诗反映的是蚕妇采桑养蚕的辛苦和被剥削的无奈。蚕妇采桑既忙碌又辛苦，"舍南舍北"指的是蚕妇到处"争"着去采桑，因为养的蚕太多，需大量桑叶。拂晓就将桑叶切成细长状，以喂幼蚕，蚕妇梦中就梦到蚕已结茧，可以缫丝，就可卖丝换钱治病。尾句揭示了赋税的沉重。

张炜《归耕》："纡青拖紫信天缘，才说归耕自乐然。二顷良田供活计，一鉏风雨饱丰年。妻条桑叶催蚕起，儿脱莎衣傍犊眠。不是此心甘隐退，为贪农隙理残编。"[②]

诗中所记为诗人归隐田园后的自足自乐。妻子采桑叶后回来喂蚕，儿子在放牛时睡着了，诗人趁着农隙的时候整理自己的诗作。

宋代采桑诗真实、广泛地反映了宋代经济、文化的发展状况，大量运用了写实手法，想象与美化的成分减少，故事情节和人物矛盾冲突淡化。另外，宋代与前代不同的是大型桑蚕农事组诗的出现，尤以梅尧臣的《和孙端叟蚕具

---

① 《全宋诗（第47册）》卷2552，北京大学出版社，1998，第29584页。
② 《全宋诗（第32册）》卷1826，北京大学出版社，1998，第20330页。

十五首》和楼璹《耕织图诗》为代表，后者详细记载采桑养蚕的过程，开大型农事图诗结合组诗之先河，图文并茂，让后人能够更形象地了解当时的蚕桑业发展面貌，其养殖技术、采桑工具一直沿用至今。

（四）歌咏贞妇、烈妇诗作的凸显

宋代采桑诗中歌咏贞妇、烈妇的诗作凸显，强调采桑女妇德的作品增多，诗中常出现"妇道""妇义""节妇""烈妇"等与"德"相关的词语。

李吕《贞妇》："嫁作耕夫妻，妇道以勤称……吾闻秋胡妻，死有不朽名。又闻昔罗敷，语直理甚明。人生各有偶，勿用行兼并。奈何世混浊，强暴相侵陵。……后世迹其事，足媿古烈贞。"①

该诗描写嫁给耕夫的妇人勤于桑蚕，甘守贫困，借罗敷意象与秋胡妻意象相叠加，表明前有采桑女罗敷、秋胡妻能够守节，如今贞妇亦可，感叹世道混浊，强调烈贞之事应永流传。

歌咏贞妇的采桑诗的另一种写作模式是歌咏其中的代表——秋胡妻。

释文珦《秋胡诗》"誓言奉姑嫜，秋霜拟贞洁。春日行采桑，援柯向前林。"②

姚勉《送李幼章》："……君前舍羹颍谷子，橐中寘箪醫桑夫。五年得金方还养，有妇有妇愁秋胡。……"③

宋代采桑诗称颂桑妇秋胡妻"贞洁""有节""重义"，以"颂妇德"为主题，就写作形式而言，叙事减少，而议论增多，以突出道德教化为目的，常以秋胡喻薄幸男子，以秋胡妻咏贞洁的妇人。

宋代出现众多贞妇、烈妇形象，除了与"存天理、灭人欲"的理学思想有关，更与外患严重的情况有关，宋代面临辽、西夏、金、蒙等外患入侵，尤其

---

① 《全宋诗（第38册）》卷2109，北京大学出版社，1998，第23813页。
② 《全宋诗（第63册）》卷3315，北京大学出版社，1998，第39509页。
③ 《全宋诗（第64册）》卷3407，北京大学出版社，1998，第40513页。

到南宋末年，宋人民族意识空前强烈，更重要的是士大夫想借贞妇、烈妇表达自己的忠心和气节。

二、采桑女的形象新变

前代诗歌中的采桑女往往是贵族妇女，她们大多精心装扮、穿着华丽。中晚唐时期现实类题材增加，突出采桑女的辛苦。宋代这一转变更加突出，现实题材作品数量更多，展现得也更全面、广泛，采桑女不再只是文人欣赏的貌美的女性，而是突出担负繁重劳力的蚕妇。

（一）外在形象的变化

宋代采桑诗美化和想象的成分减少，现实成分增加，采桑女的身份特征更加多变。从年龄上来看，除了少妇，还有少女、老人，甚至还有儿童，各个年龄阶段的都有。

楼璹《织图二十四首》其八《采桑》："吴儿歌采桑，桑下青春深。邻里讲欢好，逊畔无欺侵。筥篮各自携，筊梯高倍寻。黄鹂饱紫葚，哑咤鸣绿阴。"[1]

姚寅《养蚕行》："南村老婆头欲雪，晓傍墙阴采桑叶。我行其野偶见之，试问春蚕何日结。老婆敛手复低眉，未足四眠哪得知？自从纸上扫青子，朝夕喂饲如婴儿。只今上筐十日许，食叶如风响如雨。夜深人静不敢眠，自绕床头逐饥鼠。又闻野祟能相侵，典衣买纸烧蚕神。"[2]

宋代以前尤其是南北朝时期的采桑诗，诗人往往细致描摹采桑女的容貌和服饰，展示其发髻、肌肤以及妆容，簪子、耳饰等配饰，还有裙裾、薄纱等服装。但宋代采桑诗中的蚕妇大多不重装扮，整体形象以"蓬头""霜面""荆钗""青裙"为代表。

---

① 《全宋诗（第 31 册）》卷 1760，北京大学出版社，1998，第 19598 页。
② 程毅中主编：《宋人诗话外编（下）》，国际文化出版公司，1996，第 1230 页。

叶茵《蚕妇叹》："浴蚕才罢馌蚕忙，朝暮蓬头去采桑。"①

翁卷《东阳路傍蚕妇》："两鬓樵风一面尘，采桑桑上露沾身。"②

蚕妇因采桑养蚕辛苦繁忙而无暇顾及装扮，也没有额外的钱财购置脂粉服饰。

宋代以前尤其是南北朝时期对采桑女的描写很少写到劳作，即使写亦是为了表现采桑女娇弱无力。如南朝梁沈君攸《采桑》，"南陌落花移，蚕妾畏桑萎。逐便牵低叶，争多避小枝。摘驶笼行满，攀高腕欲疲。看金怯举意，求心自可知"③。而宋代采桑诗中的蚕妇则摆脱了此类小女儿情态。

陆游《农桑四首》其三："采桑蚕妇念蚕饥，陌上匆匆负笼归。却羡邻家下湖早，画船青伞去如飞。"④

蚕妇采桑动作当中透露着焦急，蚕妇心中念着家中满箔的饥蚕，因此采桑动作非常麻利，不敢有懈怠，采桑归家途中亦是行色匆匆。

戴复古《罗敷词》："妾本秦氏女，今春嫁王郎。夫家重蚕事，出采陌上桑。低枝采易残，高枝手难扳。踏踏竹梯登树杪，心思蚕多苦叶少。举头桑枝挂鬓唇，转身桑枝勾破裙。辛苦事蚕桑，实为良家人。使君奚所为，见妾驻车轮。使君口有言，罗敷耳无闻。蚕饥蚕饥，采叶急归。"⑤

诗人细致刻画了蚕妇一系列采桑动作，来展现蚕妇采桑的辛苦和内心的焦急。诗人通过"采""踏""登""举""挂""转""勾"等动词来真实再现了采桑劳作情景，蚕妇采低枝的桑条容易采尽，采高枝的桑条太难扳，因此只能踏上桑梯，登上树干去高处采桑，采桑时桑枝会挂到鬓角的头发和嘴唇，转身又会

---

① 《全宋诗（第61册）》卷3186，北京大学出版社，1998，第38223页。
② 《全宋诗（第50册）》卷2673，北京大学出版社，1998，第31425页。
③ 逯钦立辑校：《先秦汉魏晋南北朝诗》《梁诗》卷28，中华书局，1983，第2109页。
④ 陆游：《陆放翁全集（上）》卷66，中国书店，1986，第921页。
⑤ 戴复古著、金芝山点校：《戴复古诗集》卷1，浙江古籍出版社，1992，第3页。

勾破身上的青裙，正是"辛苦事蚕桑"。

（二）内在心理的转变

宋代采桑女除了外在形象的变化，内在心理状态亦有转变。宋代以前诗人多展示女子内心的哀怨纠结和相思离情，而宋代写女子闺怨相思的采桑诗已经很少，采桑女已无暇为爱情忧愁，为情郎恼怒。宋代大部分的采桑诗真实、细腻、生动地展示了蚕妇的心路历程及其悲愁苦恨的情感，悲愁苦恨多是因生计所迫、因不公的待遇、因繁重无尽的劳作而产生。

方回《春雨不已甚忧蚕麦二首》其一："提篮采叶雨淋淋，蚕妇无言恨自深。绮陌惜花小儿女，愁眉相似不同心。"①

诗中展示了少女与蚕妇在雨天不同的心态，亦能看出少女与蚕妇的不同，蚕妇提着竹篮采桑叶，但是雨却下不停，蚕妇虽不言语，但是内心却充满了愁怨，埋怨雨天与自己身世的悲苦，更愁苦于雨天耽误了采桑叶，想到家中满箔的蚕更是愁上加愁。少女也眉心紧蹙，亦是忧愁，但忧愁的原因却不同，她们是疼惜花儿被打落，诗人刻画了蚕妇与少女不同的心理，亦展示了少女与蚕妇的不同，少女没有家庭重担，富有女儿情态，而蚕妇则承担着繁重的劳动，故而内心充满忧愁苦恨。

王周《采桑女》其一："渡水采桑归，蚕老催上机。扎扎得盈尺，轻素何人衣。"②

诗中刻画了采桑女从采桑、养蚕到织锦的过程，以及采桑女苦闷悲愁的心境。采桑归来，忙着机织，采桑女悲从中来，自己昼夜不停地纺织只能得到半尺的锦帛，最终却不知谁人用其制衣。

宋代不少采桑诗展现了蚕妇内心的悲愁怨愤之情。

---

① 《全宋诗（第66册）》卷3501，北京大学出版社，1998，第41760页。
② 《全宋诗（第3册）》卷154，北京大学出版社，1998，第1753页。

叶茵《蚕妇叹》："辛苦得丝了租税，终年只着布衣裳。"①

翁卷《东阳路傍蚕妇》："相逢却道空辛苦，抽得丝来还别人。"②

蚕妇内心的忧愁苦恨很大程度上来源于不公的命运与被压迫剥削的无奈。正是这种愁苦的情感基调，营造了宋代采桑诗的主题意蕴，诗人在叙事之中自然地流露情感，将叙事与抒情巧妙地结合在一起，构成了宋代采桑诗的一大艺术特色。

总之，宋代文人受到理性和道德的制约，加强了对采桑女的道德要求，这是宋代采桑女形象新变的重要特点。

三、写实的创作特色

宋代采桑诗的最大特色是写实，以冷静的理性精神关注国家大事、民生疾苦，反映现实生活，揭露社会黑暗。宋代诗人在描写采桑这一农事活动时，将重点放在对采桑女劳动行为和心理感受的描摹上，通过采桑女的艰辛劳作、苦难生活来表达对劳动者的同情以及对统治阶层的控诉。

（一）关注社会现实

宋代诗人在高度凝缩的故事情节中刻画出性格鲜明的采桑女形象，且不失思想深度和感情强度，表现出鲜明的叙事特征。诗人大多将着眼点放在辛勤劳作的下层采桑者身上，着力表现他们的日常生活、劳作过程、心理状态，关注他们的悲剧命运，反映他们艰难的生存状况。

梅尧臣《伤桑》："柔条初变绿，春野忽飞霜。田妇搔蓬首，冰蚕绝茧肠。名翚依麦雏，戴胜绕枝翔。不见罗敷骑，金钩自挂墙。"③

宋代经济发达，出现了分工，有的农户专门负责采桑，有的专门负责养蚕，

---

① 《全宋诗（第 61 册）》卷 3186，北京大学出版社，1998，第 38223 页。
② 《全宋诗（第 50 册）》卷 2673，北京大学出版社，1998，第 31425 页。
③ 梅尧臣著：《梅尧臣集编年校注（上）》卷 1，上海古籍出版社，2006，第 13 页。

有的则进入作坊进行集体纺织。

郑獬《买桑》："出持旧粟买桑叶，满斗才换几十钱。桑贵粟贱不相直，老蚕仰首将三眠。前日风雨乖气候，冻死箔卷埋中田。蚕不见丝粟空蠹，安得衣食穷岁年。"①

诗中真实地再现了因桑叶价格上涨和气候恶劣，蚕妇一家无法度日。蚕妇拿着去年的旧粟去换钱买桑叶，但是"桑贵粟贱"，满斗的粮食也换不了多少桑叶，家中的老蚕马上要三眠了，却突逢恶劣天气，蚕妇只好忍痛将冻死的蚕埋掉，到头来无粟无食，无丝无衣，一家人难以度日。

（二）强烈的写实精神

宋代采桑诗直接反映了下层劳动人民的悲苦，直言苛捐杂税沉重，揭露黑暗的统治带给人民的深重苦难。

翁森《采桑》："采桑子，采桑子，朝去采桑日已曙，暮去采桑云欲雨。桑叶郁茂寒露眉，桑枝屈曲勾破衣。大妇年年忧蚕饥，小妇忙忙催叶归。东邻女封西邻道：蚕眠起，较迟早，已觉官吏促早缲。新丝二月已卖了，桑栽还似去年长，岂知城中花围花压墙。朱楼旭日映红桩，不识桑树有罗裳。"②

诗中一开始描写了采桑的劳作环境，早晨太阳刚刚升起农妇便出门采桑，到了傍晚仍要继续劳作，就算天就要下雨也不能停止。把采桑之苦表现得淋漓尽致，正应了熊克《劝农》里的诗句"采桑风雨无辞苦"。在描写采桑农妇的劳作情况时，诗人写了采桑女眉梢挂着寒露，穿着被桑枝钩破的烂衣衫，这些细节将采桑女在桑林里艰苦的劳作场景展现在了我们面前。最后，诗人描写了采桑女担忧、焦急的心理。诗人对采桑之苦进行了多角度的阐释，这里的"苦"是有多重含义的，包括了采桑的艰苦、生活的困苦、内心的痛苦，这些苦表现了

---

① 《全宋诗（第10册）》卷583，北京大学出版社，1998，第6848页。
② 翁森著、张峋校注：《翁森集校注》，现代出版社，2015，第13页。

采桑女劳作时的无可奈何，年年岁岁只得如此。

李若水《伐桑叹》："村家爱桑如爱儿，问尔伐此将何为。几年年荒欠官债，卖薪输赋免鞭笞。来春叶子应不恶，邻家宜蚕有衣著。我独冻坐还嘘唏，长官打人血流地。"①

诗中反映了残酷的赋税制度使得桑农宁愿忍痛将桑树砍去也不愿植桑。开篇以反问语气发问：村家爱桑就像是爱自己孩子一样，你为何却要将桑树砍掉？桑农回答，近几年遇到了荒年，欠了诸多官债，只能将桑树砍了卖薪来缴纳赋税，否则会被鞭笞，但即使这样做可能仍然无法缴纳今年的赋税，要受冻，还要被长官打到"血流地"。

（三）再现田园生活

宋代采桑诗多以写实手法，或是歌唱农家田园生活、风俗民情，或是书写真实的劳动环境、劳动过程和劳动结果。

强至《临洺驿雨中作》："朔野无花春意薄，斧声惟见桑枝落。北人是日竞条桑，手执懿筐共操作。"②

与前代用诸多华丽的辞藻来描写采桑女的姿容和服饰相比，宋代采桑诗的语言更加通俗，呈现口语化特征。诗人以平淡的语言、白描的手法来叙述采桑女的忙碌和辛劳，与宋诗的语言风格和写作手法有着很大的关系。

叶绍翁《西溪》："一条横木过前溪，村女齐登采叶梯。独立衡门春雨细，白鸡飞上树梢啼。"③

诗篇开头"一条横木过前溪"通俗直白，诗人所述采桑女结伴采桑、齐登桑

---

① 《全宋诗（第31册）》卷1805，北京大学出版社，1998，第20110页。
② 强至著：《祠部集（第1册）》，商务印书馆，1935，第31页。
③ 《全宋诗（第56册）》卷2949，北京大学出版社，1998，第35138页。

梯的景象全为白描，读来让人感觉贴近生活，有很强的画面感。

四、结语

宋代是采桑诗发展的重要时期，采桑诗主题更加丰富，题材更加多变。就其题材内容来看，出现四种新变，其一，祭祀类采桑诗，以春帖子词为代表，是宋代新创；其二，闺怨艳情类的采桑诗，继承采桑母题闺怨艳情色彩，多以罗敷故事和形象为代表的意象典故；其三，农事田家类采桑诗数量大幅增加，占比超过半数；其四，歌咏贞妇、烈妇的诗作凸显，加强了对采桑女的道德要求。就艺术形象而言，宋代采桑女形象出现新变，其特色表现在两方面：其一，外在形象上，采桑女身份多样，各个年龄阶段都有；其二，心理情态上，注重对采桑女动作与心理的刻画，真实、细腻、生动地展示桑女蚕妇的心路历程及其悲愁苦恨的心理情感。宋代采桑诗在写作手法上注重写实，相较于前代修辞美化成分减少，语言更加趋于俗，呈现口语化特征。

（作者单位：宁夏大学）

从董蠡舟、董恂的蚕桑乐府看南浔主要蚕桑习俗

丁国强

杭嘉湖地区养蚕历史悠久，最远可追溯至新石器时代。南浔是杭嘉湖地区蚕桑生产的主要产区之一，宋代开始，南浔四乡就桑植繁茂，多产蚕丝，所谓"耕桑之富甲于浙右，土润物丰，民信而俗阜，行商坐贾之所萃"①。明代中叶，镇境辑里村优良的"莲心种"蚕茧缫制出的"辑里丝"成为湖丝上品。入清以后，苏浙交界之南浔、震泽一带，成为重要的蚕丝产地，取代了原先的菱湖、双林成为太湖南部地区的蚕丝生产中心。南浔镇民大半以业丝为衣食，四乡农民均以蚕桑为正业，故遍地是桑，家家育蚕。正如清代诗人董蠡舟所云："无尺地之不桑，无匹妇之不蚕。"所谓"蚕事吾湖独盛，一郡之中，尤以南浔为甲"②。南浔依靠蚕桑和丝绸特产，自明朝后期至清末民初的400年间，经济一直处于久盛不衰的状态。由于蚕桑生产在社会经济生活中占有特殊的地位，是蚕农生活中的头等大事，因此，南浔当地的岁时习俗，大多与蚕桑活动有关。经历史积淀，形成了极具地方特色的蚕桑文化。

一、董蠡舟董恂及其《南浔蚕桑乐府》

董蠡舟，字济甫，号铸范，别号董节病夫。乌程南浔（今浙江湖州南浔）人。清道光年间监生，学者、藏书家。贯通经史，兼工诗、画，著作丰厚。

《南浔蚕桑乐府》成书于道光十一年，是乐府歌形式的长篇组诗，共26

---

① 李心传：《安吉州乌程县南林报国寺记》，咸丰《南浔镇志》卷二十五《碑刻》。
② 董蠡舟：《南浔蚕桑乐府自序》，咸丰《南浔镇志》卷二十一《农桑蚕事总论》。

首。董蠡舟同时在乐府之前加了小序，记述风俗民情，极为详尽。以浴蚕、护种、贷钱、糊篓、收蚕、采桑、稍叶、饲蚕、捉眠、饷蚕、出蔟、铺地、搭山棚、架草、上山、擦火、回山、择茧、缫丝、剥蛹、作绵、潎絮、生种、望蚕信、卖丝、赛神等蚕事生产活动为标题，详细叙述了南浔的育蚕技术和养蚕习俗，对发展蚕桑生产有一定的贡献。汪日桢编的《湖州府志·蚕桑》《南浔镇志》和《湖蚕述》都辑入了这组乐府诗。

董恂，字谦甫，号壶山，乌程南浔（今浙江湖州南浔）人。董蠡舟的从弟，府学生。工诗词，能医，亦通经学。尝疏《夏小正》，并重修《南浔镇志》。著有《古今名医传》《古今医籍备考》。史载他博通文史，很有文采。

他的长篇乐府组诗《南浔蚕桑乐府》，是道光二十六年和从兄董蠡舟而作，写了瀹种、护种、贷钱、糊篓、收蚕、采桑、稍叶、饲蚕、捉眠、饷蚕、出蔟、铺地、搭山棚、架草、上山、擦火、回山、选茧、缫丝、剥蛹、作绵、潎絮、生种、望蚕信、卖丝、酬神等蚕事活动。其中有几个题目与从兄董蠡舟略异，内容所反映的侧面也有所不同，但都是南浔蚕桑生产活动的真实写照。《湖州府志》《南浔镇志》《湖蚕述》也都予以辑入。

元明清三代，蚕乡诗人们以养蚕缥丝为内容所写的组诗，一般称之为"蚕桑乐府"。其中清代董蠡舟、董恂的《南浔蚕桑乐府》具有代表性。董蠡舟、董恂出生并成长于蚕桑区南浔，他们以自己的实际生活体验为基础，结合当时的社会背景，以白描的手法，通俗晓畅的语言甚至南浔口语，生动、真实地再现了特定时代背景下百姓的社会生活场景和南浔蚕桑习俗的历史积淀，可以说是南浔蚕农织妇的史诗和蚕桑文化发展兴盛的历史见证，具有重要的民俗史料和区域文化研究意义，足以向世人展示极具时代色彩和地域特色的深厚的南浔蚕桑文化及其当代价值。

二、南浔主要蚕桑习俗

在南浔漫长的蚕桑生产的历史中，衍生出丰富多彩的蚕桑生产习俗。这些习俗，有的来源于对蚕桑的原始崇拜，有的出于祛除蚕桑病祟的愿望，有的反映了对蚕桑丰收的祈祷和丰收后的庆贺，有的关系着蚕桑生产的人际关系和社会活动，颇具特色。

（一）腊月祭蚕神浴蚕种

南浔每年的蚕桑生产虽说是在春天开始，但从春节前起，人们就以各种方式为一年的蚕事丰收做准备。相传，农历十二月十二日是蚕花娘娘的生日。蚕农在这一天要祭祀，以祈求赐予蚕花旺年。蚕妇们用红（老南瓜煮熟）、青（夏天用南瓜秧叶腌制的"年青头"）、白（粳糯相掺的白米粉）三色米粉做成鲜艳的圆子，如茧圆、绞丝圆、茧篮圆、元宝圆、桑叶龙蚕圆等，用于供灶祭祀。供桌上并备酒菜、放碗箸、摆蚕种、插香点烛，立蚕花娘娘或蚕花五圣马张，全家一一虔诚祭拜。正所谓："花冠雄鸡犬觭首，佳果肥鱼旧醅酒。两行红烛三炷香，阿翁前拜童孙后。"[1] 蚕花娘娘生日这天晚饭前，人们用蒸箪1只，内置鸡蛋2只、猪肉1碗、米粉团子4只以及酒盅、筷子等具，再置以蚕花娘娘纸马1张、纸排锭1副，将盛有上述诸物的蒸箪端至墙外，焚香点烛后，烧掉蚕花纸马和纸排锭。这时，邻里孩子会围上来把箪中食物一抢而光。浔俗以为抢吃得越快，则蚕花越旺。[2]

南浔所祭蚕神，不仅有蚕花娘娘，还有嫘祖。董蠡舟《南浔蚕桑乐府·赛神》写道：

孙言昨返自前村，闻村夫子谈蚕神。

神为天驷配嫘祖，或祀苑窳寓氏主。

九宫仙嫔马鸣王，众说纷纭难悉数。

翁云何用知许事？但愿神欢乞神庇。

年年收取十二分，神福散来谋一醉。

嫘祖是传说中黄帝的妻子。据《史记》载："黄帝居轩辕之丘，而娶于西陵之女，是为嫘祖。"[3] 史称她"始教民育蚕，治丝蚕以供衣服"，所以嫘祖常常被

---

[1] 董蠡舟：《南浔蚕桑乐府·赛神》，汪日桢撰、蒋猷龙注释《湖蚕述注释》，农业出版社，1987，第140页。

[2] 冯旭文编，宓荣卿绘：《南浔民俗》，浙江摄影出版社，2005，第25页。

[3] 司马迁：《史记·五帝本纪》，岳麓书社，1988，第2页。

奉为蚕神。近代南浔蚕农中仍有嫘祖崇拜现象，民间称嫘祖为"嫘祖娘娘"，也常去嫘祖庙烧香，但影响不大。诗中谈到几个村夫子在引经据典，争论蚕神的孰是孰非。但蚕农却不以为意，认为只要能得到蚕神保佑，蚕丝丰收就行了，管他蚕神是张三还是李四。

腊月祭蚕神，蚕农还有一个很现实的目的，即浴蚕种。20 世纪 30 年代以前，蚕种是蚕农自己育的。祭蚕神这天，蚕农将蚕种纸取下来，小心地拂去尘埃，再将它放置在祭祀蚕神的供桌上，等祭毕才开始"浴种"。浔俗多用盐卤、生石灰浴蚕种，以杀菌消毒和淘汰劣种。诚如董蠡舟的《南浔蚕桑乐府·浴蚕》所述：

> 隔岁招摇指星纪，农事告登蚕事始。
>
> 尽携布种置中庭，一宵露置冰霜里。
>
> 取润还须茗汁淹，洒以蜃灰掺以盐。
>
> 田家一例锄非种，先事全将丑类歼。[1]

（二）清明禳白虎瀹蚕种

南浔蚕农以"白虎"为灾星。蚕农把有害于蚕宝宝的"白虎"之类的鬼邪和病毒、虫害之灾总称为"蚕祟"，禳白虎也是祛蚕祟的一种。这一天主要通过挑青、祛白虎、画灰弓和贴门神来祛除蚕祟。病蚕俗称"青娘"，清明时的螺蛳最肥，且没有幼螺，其味极为鲜美。清明（或寒食）节吃螺蛳的方法非比寻常。平时，炒螺蛳之前，要剪去螺蛳屁股，吃时用力从螺蛳壳内把肉嗦出来。然而，那天的螺蛳是不能剪去屁股的，得用针或洗帚篾丝把肉挑出来吃，俗称"挑青"。至晚，则将螺蛳壳抛撒于屋上，是为"赶白虎"。[2]

禳白虎是在祭祀好灶神和蚕神后进行的。祭品多用牛、羊、猪肉和甜酒；又用米粉做成白虎形状圆子。祭毕由老幼出门弃置于三岔路口，这也是"赶白虎"。再在蚕室前后的稻场上用石灰画上弧形的弓箭，意谓射白虎。最后是在

---

[1]　汪日桢撰，蒋猷龙注释：《湖蚕述注释》，农业出版社，1987，第 132 页。

[2]　余连祥：《湖州文化探源·丝绸之源》，上海书画出版社，2016，第 70 页。

大门上贴上门神的画像把守大门，让白虎之类的蚕祟不能进入蚕室。这一夜，凡育蚕之家无论男女均不得出门。董恂的《南浔蚕桑乐府·溮种》就描写了这一情景：

门神竞向白板贴，以灰画地如弯弓。

祈禳白虎辟蚕祟，欲趋其吉先祛凶。①

溮种，是在清明这一天，蚕农吩咐儿童们去田野采摘油菜花、蚕豆花等花卉，再将盐种或灰种和花卉一块投入刚煮熟清明祀灶团子的汤锅内，等到汤水不烫手后，淋到蚕种上，淋毕，将蚕种悬挂于檐下晾干，俗称溮种。

"嘉平二七良日逢，以水浴种当去冬。今年又到清明夜，浴蚕例与残年同。"②可见清明浴蚕，其俗久远。宋代诗人梅尧臣就有"苹生楚客将归日，花暖吴蚕始浴时"的诗句。溮种这一天，"妇姑忙忙不得暇，磨米作团虔且恭。蒸团水香溮布上，采摘花片搀其中。一年蚕计此初事，能慎厥始斯有终"③。从此开始蚕乡正式进入"蚕月"。俗称农历四月为"蚕月"，这是蚕农最紧张繁忙的养蚕时节。

（三）蚕时禁忌

南浔蚕时多禁忌，有"关蚕房门"之风俗。禁忌一旦成为一种风俗现象，便对人们的日常生活产生强烈的影响。禁忌之一为"禁往来"，虽比户不相往来。邻里庆贺、农家嫁女娶亲都得推迟举行，甚至连官府的征收赋税工作也要暂停。"蚕禁"前，蚕农家要贴门神，用米粉捏成猫状圆子，分送邻居，谓"怯口团子"，委婉地表示本户防止生人冲撞的意愿。"从此育蚕多禁忌，札闼预防生客

---

① 董恂:《南浔蚕桑乐府·溮种》，汪日桢撰、蒋猷龙注释:《湖蚕述注释》，农业出版社，1987，第117页。

② 董恂:《南浔蚕桑乐府·溮种》，汪日桢撰、蒋猷龙注释:《湖蚕述注释》，农业出版社，1987，第117页。

③ 董恂:《南浔蚕桑乐府·溮种》，汪日桢撰、蒋猷龙注释:《湖蚕述注释》，农业出版社，1987，第117页。

至。"①

除了"禁往来"之外，养蚕期间还有不少禁忌，且蚕初生时禁忌尤多。如忌室内扫尘，忌爆鱼肉，忌油火纸在蚕室内吹灭，忌侧近舂捣，忌敲击门窗，忌槌锡箔，忌蚕屋内哭泣，忌秽语淫辞，忌未满月产妇作蚕娘，忌一切烟熏，忌灶前热汤泼灰，忌产妇或戴孝之子入家，忌烧皮毛乱发，忌酒醋五辛和膻腥麝香等物，忌当日迎风和西晒日照，忌热时猛风骤寒、寒中突然过热，忌不洁净之人入蚕室，忌蚕屋近臭秽等。

诸多禁忌，反映了蚕农对各种蚕病灾祸的恐惧心理，虽带有一定迷信的色彩，但其中也包含着对养蚕经验的摸索和总结，多半合乎科学道理。

注重禁忌的另一面是讲究讨彩。凡蚕室用具，如蚕匾、木架、茧筐、丝车等，均贴红纸或饰以纸花、符篆等。"三寸红笺淡墨书，家家遍贴蚕天字。"② 或贴"蚕花廿四份"合体一个，以祈吉利。"更喜聪明小女娃，剪纸成花作如意。调就银浆细意糊，但祝今年倍吉利。"③"更凭掺手剪方胜，镂尽一翻新喜红。先贴中央后四角，胜里香奁招百福。"④ 蚕乡人家对养蚕的重视和敬畏可见一斑。

（四）蚕罢"望蚕信"

养好春蚕，等蚕宝宝"上山"采茧以后，蚕乡进入了喜气热闹的"头蚕罢"。这时，蚕禁解除，亲戚和乡邻之间都以猪蹄、鱼鲜、果子、糕饼等相互赠送，俗称"望蚕信"。南浔乡人对"望蚕信"特别看重，若相邀出席而不到，则以为是失礼。新女婿第一年必备鱼肉、糕点、水果来岳父母家询问蚕讯。这不但是因为蚕时禁忌久不往来之故，而且也因为蚕事是攸关生计的大事，蚕农欲以此报告喜讯或听取亲友家蚕事消息。

---

① 董蠡舟:《南浔蚕桑乐府·收蚕》，汪日桢撰、蒋猷龙注释《湖蚕述注释》，农业出版社，1987，第133页。

② 董蠡舟:《南浔蚕桑乐府·收蚕》，汪日桢撰、蒋猷龙注释《湖蚕述注释》，农业出版社，1987，第133页。

③ 董恂:《南浔蚕桑乐府·糊筥》，汪日桢撰、蒋猷龙注释《湖蚕述注释》，农业出版社，1987，第118页。

④ 董蠡舟:《南浔蚕桑乐府·糊筥》，汪日桢撰、蒋猷龙注释《湖蚕述注释》，农业出版社，1987，第133页。

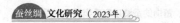

对于望蚕信，董恂的《南浔蚕桑乐府·望蚕信》有具体生动的描述：

育蚕无奈忙蚕节，亲朋遂使音尘绝。

道是蚕家禁忌多，不教来往成疏阔。

迩来邻右竞回山，闻说收蚕同一日。

未识收花得几分，摇船亲自探消息。

门外相逢一笑迎，红灯昨夜花曾结。

入门无暇道寒暄，致语先教诘得失。

欢呼只有稚儿慧，翻道客休问盈歉。

试听侬家轧轧声，丝车十部缲还急。[①]

趁蚕罢走动走动，互相探探蚕事消息，实在情理之中，更何况，馈赠的礼物也有事后慰劳蚕忙的意思。因此，望蚕信这一习俗是富于人情味的。

（五）端午谢蚕神

端午节，南浔蚕家照例在门上挂菖蒲、艾蒿、大蒜蒲头等，以驱邪祛病；照例吃五黄，即黄瓜、黄鱼、黄鳝、雄黄酒和咸鸭蛋蛋黄。端午谢蚕神的习俗在宋、元时已盛行。端午这一天，蚕农都要谢蚕神，俗称"拜蚕花利市"。

蚕农卖掉新丝或蚕茧后，首先想到的是拜谢蚕神。端午那天，蚕农备猪头、肋条肉等，举家拜谢蚕神，有拜蚕花娘娘的，有拜蚕花五圣的，亦称"谢神""赛神"。顺便提一下，旧时将蚕花看作蚕茧的收成。养蚕到了"出火"时，人们把正在休眠的蚕儿捉出来放入大的蚕匾，这时往往要用秤称一下蚕的重量，一斤出火眠蚕一般能收八斤茧子，称为"蚕花八分"，这已经是较好的收成了，不足十分为蚕花不熟，故探听人家蚕花收成时，忌问"你家蚕花几分"，而应问："你家蚕花收了十几分？""蚕花"被看作蚕茧的收成，更是一种对丰收的期盼。"蚕花十二分"是盛传于蚕农间的一句充满吉利色彩的口语，是蚕农祈望蚕茧丰收的惯用祝颂词。

---

① 董恂：《南浔蚕桑乐府·望蚕信》，汪日桢撰、蒋猷龙注释《湖蚕述注释》，农业出版社，1987，第124页。

拜谢蚕神事毕，蚕农正好托神之福，犒劳自己，一家人就围坐着吃"蚕花饭"。一家之长则给家中每个人买来礼物赠送，以示庆贺。蚕姑们则到河港边泼"蚕花水"，庆祝蚕茧丰收。

三、南浔蚕桑习俗的社会功能

有人指出，民俗是由风土和人情两部分组成的，一类是与人类生活的自然环境相关的风土，一类是由人类群体传统习俗而形成的民情，这两种因素共同构成了地域性的民俗特色。[①] 民俗与社会的政治、经济、生活直接相关，并且它们总是具有某种功能，满足人们在某一方面的需要，表现出具有地域色彩的形态特征。

（一）道德教化

民俗对人们行为的约束和规范功能，是民俗在集体中最重要的功能。从古至今，民俗几乎都起着一种"泛法律"的作用，制约着社会成员的行为模式。生活在特定社会群体中的每一个人，都要接受这个社会群体中民俗的约束和调控。

在民俗的传承活动中，祖辈积累的生活知识和生产技能得以代代相传，中华民族的传统美德在潜移默化中深入人心。

南浔蚕桑习俗中大量丰富的民间禁忌，剔除其迷信的外壳，我们可以从中发现民俗文化所蕴含的人类求善的道德内核。禁忌在民俗传承中，常被强调为禁止或抑制。许多禁忌作为精神生活的特殊表现形态，大量存在于社会生活中，要求人们自觉地以一种理想世界的人的标准来规范、引导自身的行为，自觉地求善。

禁忌一旦形成，就具有了不可抗拒的约束力量。人们认为，如果谁犯了禁忌，或迟或早会受到制裁和惩罚。因此禁忌常常被人们视为约束自己行为的准则。比如，南浔蚕桑习俗中蚕室忌秽言淫语、忌哭泣。民俗在一定程度上是社会道德的重要源泉。

---

① 徐可：《人家都住水云乡——湖州民俗文化研究》，杭州出版社，2007，第167页。

（二）休闲娱乐

娱乐性是民俗文化最重要的特征之一。众多的神灵生日及祀神活动虽与农业生产有着密切的联系，但也与文化娱乐相关。流传于民间的每一项娱乐活动，都是人生的调剂和点缀，都有着特定的意义和功能，既使民众宣泄了情感，又起到了增强群众凝聚力的作用。

蚕事生产结束后，人们一方面庆祝收获，祈祷丰收。另一方面可以抛开繁杂的俗务，尽兴地参加娱乐活动，使体力和精神都得到修整。无论是参与者还是观赏者，带有浓厚娱乐色彩的习俗总能给人以愉悦与享受。如清明或端午时节蚕乡的赛龙舟活动，谢蚕神后蚕姑们到河港边泼"蚕花水"等。蚕农们借神嬉游的民间狂欢，创造了大众集中放松、尽情欢乐的机会。

至于做茧花，则既是蚕妇们在蚕事完成后聚在一起的娱乐活动，又是当时女红的一种手艺。董蠡舟《南浔蚕桑乐府·择茧》有"留取几枚白胜雪，去蛹藏侬针线帖。他日携往阿母家，情人剪作鞋头花"[1]。的诗句。"鞋头花"即是用茧子剪成花朵，绣以彩绒，作为鞋尖的装饰。董恂也有诗句云："镂出新花待绣鞋，剪成飞鹤堪簪髻。"[2] 可见，茧花不仅可用作鞋面装饰，也可用来做成富于情趣的闺房首饰。

（三）人际交往

一切民俗活动，无一不是人的活动、情感与客体对象的交流与融合。按照当地约定俗成的惯例和岁时节令举行的各种民俗活动，由乡邻人情连带出来的一系列民俗现象，充分记录了人情社会生活中的每一个细节，真实地传达了人们交往的情感体验，进一步加强了邻里乡亲之间的联系，培养了人与人之间亲密感情。在联络感情，增进友谊，协调人际关系方面发挥了巨大的社会功能。

南浔蚕桑习俗同样充满着人际亲情。望蚕信这一习俗就是富于人情味的生动体现。人们日常为工作生活忙碌，缺乏相互来往，传统习俗活动为人际交往

---

[1] 董蠡舟：《南浔蚕桑乐府·择茧》，汪日桢撰、蒋猷龙注释《湖蚕述注释》，农业出版社，1987，第137-138页。

[2] 董恂:《南浔蚕桑乐府·选茧》，汪日桢撰、蒋猷龙注释《湖蚕述注释》，农业出版社，1987，第122页。

提供了情感共鸣的机会。春蚕结束，亲朋邻里高高兴兴地携带软糕、水果等礼品，相互往来做客，对亲戚朋友家一个月的紧张蚕事劳动表示慰问，并预祝来年蚕茧丰收。在你来我往中，亲朋邻里之间加强了交流，人际感情进一步加深。在增进亲友之间感情的同时还能增强家族凝聚力，形成良好社会风气，提高整个社会的文明程度和道德水准。

（作者单位：湖州市文史研究馆）

蚕神崇拜及其民间习俗

——以太湖流域蚕桑谣谚为例

刘旭青

谣谚反映了人们对自然、社会、历史、人生等的精辟见解和深刻思考，是反映事项、总结经验、表达心声、传播信息和传承文化的重要方式。左思《三都赋》"序"云："风谣歌舞，各附其俗"。每一种民俗事象，几乎都伴有相应的谣谚，这些谣谚也总是反映出纷纭的民俗事象。太湖流域是我国蚕业的发源地之一，养蚕历史悠久，留下了很多反映蚕神崇拜及民间习俗的谣谚。通过这些蚕桑谣谚可以看出，传统的农耕经济结构是蚕神崇拜的心理基础；这种蚕神崇拜渗透到了蚕乡民众的岁时习俗和人生礼俗之中。

一、蚕神传说

太湖流域的蚕神传说故事，最早见载于晋代干宝《搜神记》。干宝，祖籍河南新蔡，明天启《海盐县图经》载云："父莹，仕吴，任立节都尉，南迁定居海盐，干宝遂为海盐人"。干宝《搜神记》里详细记载了蚕神传说故事，据《女化蚕》载云：

旧说太古之时，有大人远征，家无余人，唯有一女。牡马一匹，女亲养之。穷居幽处，思念其父，乃戏马曰："尔能为我迎得父还，吾将嫁汝。"

马既承此言，乃绝缰而去，径至父所。父见马惊喜，因取而乘之。马望所自来，悲鸣不已。父曰："此马无事如此，我家得无有故乎？"巫乘以归。为畜生有非常之情，故厚加刍养。马不肯食，每见女出入，辄喜怒奋击。如此非一。父怪之，密以问女。女具以告父，必为是故。父曰："勿言，恐辱家门。且莫出入。"于是伏弩射杀之，暴皮于庭。

父行。女与邻女于皮所戏，以足蹙之曰："汝是畜生，而欲取人为妇耶？招此屠剥，如何自苦？"言未及竟，马皮蹶然而起，卷女以行。邻女忙怕，不敢救之，走告其父。父还，求索，已出失之。

后经数日，得于大树枝间，女及马皮尽化为蚕，而绩于树上。其茧纶理厚大，异于常蚕。邻妇取而养之，其收数倍。因名其树曰"桑"。桑者，丧也。由斯百姓竞种之，今世所养是也。言桑蚕者，是古蚕之余类也。①

这则《女化蚕》神话当是太湖流域文献最早的蚕马神话记载。汉族古代传说中的蚕神神话，其源头还可追溯到《山海经·海外北经》载"欧丝"女子云："欧丝之野在大踵东，一女子跪据树欧丝。"② 早期女身蚕神，尚未与马联系。中国民间影响最大、流传最广的蚕神为马明王（马鸣王），民间有蚕女、龙蚕娘、蚕花娘娘、蚕姑、华蚕老太、马头娘、马鸣王菩萨、马明菩萨等多种称呼，马明王为汉族蚕桑之神。

二、蚕神崇拜

太湖流域的蚕桑历史悠久，民间流传着很多在祭拜仪式活动中叙唱蚕神马鸣王菩萨的歌谣。每年农历十二月十二日蚕神生日、春节、清明节等都会举行祭拜蚕神的仪式，叙唱《马明王》《马鸣王赞》《马鸣王菩萨念蚕经》《蚕花谣》《蚕花娘娘进门来》《蚕花歌》《龙蚕娘》等叙事性的歌谣。这些流传在太湖流域不同地方的歌谣，都围绕一个共同的主题——祭拜蚕神，祈盼蚕神保佑蚕桑好收成，故此类歌谣又称"祈蚕歌"。本文通过解读数首流传太湖流域不同地方的蚕桑歌谣，借以剖析太湖流域的蚕神崇拜等。浙江省的杭嘉湖自古是蚕桑生产

① 干宝撰：《搜神记》卷14，《汉魏六朝笔记小说大观》本，上海古籍出版社，1999，第384页。
② 《山海经》卷9，二十二子本，上海古籍出版社，1986，第1372页。

的核心区域，也是蚕桑谣谚流传最多的地方，流传于嘉兴海宁的蚕神歌《马明王》，歌词唱道：

马明王菩萨到府来，到你府上看好蚕。马明王菩萨出身好，出世东阳义乌县。爹爹名叫王伯万，母亲堂上柳玉莲。马明王菩萨净吃素，要得千张豆腐干。十二月十二蚕生日，家家打算蚕种腌。有的人家石灰腌，有的人家卤池腌。正月过去二月来，三月清明在眼前。清明夜里吃杯齐心酒，各自用心看早蚕。大悲阁里转一转，买朵蚕花糊笪盘。红绿绵绸包蚕种，轻轻放在枕头边。歇了三日看一看，打开蚕种绿艳艳。快刀切出金丝片，引出乌蚁万万千。三日三夜困头眠，两日两夜困二眠。楝树花开困出火，大眠捉得担头多。一家老小笑呵呵，当家大伯有主意。桑园地里转一转，旧年老叶勿缺啥。今年老叶缺二千，当家娘娘有主意，连夜开出二只买叶船。一只开到许村去，一只开到章埠埝。望去一片兴桑园，停脱船来问价钿。上午贵到三千六，晚上贱脱一大半。难为三摊老酒钿，装得船里满潭潭。拔起篙子就开船，顺风顺水摇到石坨边。你一担来我一肩，一挑挑到大门前。当家娘娘有主意，拿枝长头鞭三鞭。连吃三餐树头鲜，个个喉通小脚边。东山木头西山竹，搭起山棚接连圈。八十公公埰毛柴，七岁倌倌端栲盘。前厅后㙯都上满，还剩几匾小伙蚕。上来落去吮处上，只得上到灶脚边。歇了三日看一看，好象十二月里落雪天。大茧做得像香橼，细茧做得像汤圆。去年采得千斤茧，今年要采万斤茧。当家娘娘有主意，今年要唤做丝娘。去年唤得张家娘，今年要唤李家娘。廿四部丝车排两边，中央出路泡茶汤。东边踏出鹦哥叫，西边踏出凤凰声。敲落丝车称一称，车车要称二斤半。敲落丝车勿要卖，囤到来年菜花黄。南京客人问得知，北京客人上门来。粗丝银子用斛斗，细丝银子用斗量。卖丝银子吮处去，买田买地造高厅。高田买到南山脚，低田买到太湖边。来者保你千年富，去者保你万年兴。[①]

自古以来，浙江海宁就是重要的蚕桑生产区，这里一直就有蚕神崇拜的传统。每年清明节、农历十二月十二日蚕神生日，都要举办一系列的祭拜活动，在祭拜仪式中叙唱此歌。这首民歌包含古老的蚕桑神话和传说，既祈求马明王

---

① 朱秋枫主编：《中国歌谣集成·浙江卷》，中国 ISBN 中心出版，1995，第 151–153 页。

保佑蚕桑丰收，又兼叙养蚕经过。这里描述马明王出生在东阳义乌县，爹爹叫王伯万，母亲叫柳玉莲。一般认为，马明王是古印度梵语"马鸣王菩萨"与中国"马头娘"的混合体。

在湖州地区广为流传的叙事歌《马鸣王赞》，这首经过民间艺人加工改造过的祈蚕歌，反映了湖州地区的蚕神崇拜与信仰，歌词唱道：

> 蚕宝马鸣王正君，蚕王天子圣天帝。听赞菩萨马鸣君，马鸣王菩萨进门来，身骑白马坐莲台。请问菩萨归何处，特来降福又消灾。菩萨妙法九霄云，方便慈悲救万民，观世音上广寒宫，马鸣王菩萨化蚕身。看蚕娘子不知蚕宝何处寻，蚕身出在婺州城。家住婺州东阳县，小孤村上有个刘氏女，每逢初一半月去斋僧。刘氏生下三个女，三位女儿貌超群。大女二女早完婚，惟有三女不嫁人。三女取名金仙女，年登十八正青春。青丝细发蟠龙髻，聪明伶俐赛观音。有朝一日身染病，看看病重在其身。三餐茶饭全不吃，一病不起命归阴。只有亲娘舍不得，买口棺材葬其身。葬在花园桑树下，浑身白肉化蚕身。上树吃叶无人晓，树头做茧白如银。凡人见了白茧子，是要收来传万村。男女见茧嘻嘻笑，上山采茧心欢喜。摘茧公公多欢心，请得巧匠就把丝来做。做丝须用拔温汤，做得细丝千万两，至今留下传万村。自有好人收好种，万古流传有名扬。冬天穿了浑身暖，夏天穿了自然凉。年年有个清明节，家家拜谢马鸣王。[①]

这首歌积淀了深厚的蚕桑文化传统，叙唱另一种版本的蚕神诞生故事。关于马明王的身世，还有一种叙唱："马明王菩萨下凡来，身骑白马坐莲台，爹爹名叫王伯万，母亲堂上柳玉莲，命里算来无儿子，产生三个女裙钗，大姐二姐找夫去，三姐年轻要修仙，一修修到十六岁，十七岁上遭黄泉，三更托梦娘晓得，香火灯烛接连来……"这首歌表现了"马鸣王菩萨化蚕身"的感人故事及其造福人类的奉献精神，为了感恩马鸣王菩萨，故有"年年有个清明节，家家拜谢马鸣王"的民间习俗。

地处浙北杭嘉湖平原腹地的嘉兴桐乡，更是家家栽桑，户户养蚕。这里也流传一首祈蚕歌《蚕花谣》，歌词唱道：

---

① 钟伟今主编：《浙江省民间文学集成 湖州市歌谣谚语卷》，浙江文艺出版社，1991，第266-268页。

马鸣王菩萨坐莲台，到侬府上看好蚕。马鸣王菩萨生在啥所在，生在东阳义乌县。马鸣王菩萨要吃啥素菜，要吃千张豆腐干。清明一过谷雨来，谷雨两边要看蚕。当家娘娘有主意，蚕种包好轻轻放在被里面。隔了三天看一看，布子上面绿茵茵。当家娘娘手段好，鹅毛轻轻掸介掸。快刀切叶金丝片，引出乌娘万万千。头眠眠得斩斩齐，二眠眠得齐斩斩。火柿开花捉出火，楝树开花捉大眠。大眠捉得真正好，连夜开出两只买叶船。一只开到许村去，一只开到庄婆堰。昨日价钱三千六，今朝贱掉一大半。难为一摊老酒钿，船里装得满堆堆。拔出篙子就开船，顺风顺水摇到桥堍边。毛竹扁担两头尖，一肩肩到蚕房边。当家娘娘有主意，攀枝挑树鞭介鞭。喂蚕好比龙凤起，吃叶好比阵头来。龙蚕看到五昼时，七八昼时要上山。前屋后屋都上到，还有三埭小伙蚕。上来上去没处上，只好上在灶脚边。隔了三天看一看，好像十二月里落雪天。大的茧子象鸭蛋，小的茧子象汤团。一家老小大家来，茧子采了几十担。三十六部丝车两行摆，敲落丝车把船开。粗丝要往杭州送，细丝要往湖州载。银子卖了几十两，眉花眼笑回家转。当家娘娘要放，当家爹爹要园。当家娘娘存心办嫁妆，当家爹爹想要造楼房。今年蚕花收成好，全靠马鸣王菩萨上门来，恭喜发大财！①

这首歌亦称《马鸣王》，流传于桐乡留良、同福、青石等地。此歌系旧时民间艺人上门乞讨时说唱，演唱时手持马鸣王神像，边敲小锣边唱，祈求蚕桑生产丰收。在歌词的末尾还有一句"今年蚕花收成好，全靠马鸣王菩萨上门来，恭喜发大财！"之语，系演唱者即兴发挥之语，颇具特色。

作为太湖流域重要组成部分的苏南地区，也流传着很多反映蚕神崇拜的歌谣。流传于苏州吴江的一首杂曲，也叫祈调，又称为"念佛句"的《马明皇菩萨念蚕经》，歌词唱道：

马明皇菩萨到门来，身骑白马上高山，马明皇菩萨勿吃荤来便吃素，宋朝手里到如今。蚕室今年西南方，除出东南对龙蚕，清明过去谷雨到，谷雨两边

① 钟桂松主编：《中国民间文学集成 桐乡县故事歌谣谚语卷》，浙江省民间文学集成办公室，1989，第520–522页。

堆宝宝。头眠眠来齐落落，二眠眠来崭崭齐，九日三眠蚕出火，楝树果花开促大眠。促好大眠开叶船，来顺风，去顺风，一吹吹到河桥洞，毛竹扁担二头尖，唧唧挑到蚕房边。喂蚕好比龙风起，吃叶好比阵头雨。大眠回叶三昼时，小脚通跑去上山。东山木头西山竹，山棚搭得几间屋，隔仔三日凉山头，满山茧子白满满。廿四部丝车两面排，当中出条送茶汤，东面传来鹦哥叫，西面传来凤凰声。红包袱，绿包袱，一包包了十七、廿八包。东家老大要想圆，西家老大要想放，亦勿圆来亦勿放，上海城里开爿大钱庄，收着蚕花买田地，高田买到寒山脚，低田买到太湖边。①

旧时，在吴江市郊养蚕地区，每年清明节，民间艺人用稻草扎一马形，扮作马明皇菩萨，身披胄甲，骑在马上，口喊"蚕将军来哉"；或者手拿马明皇像，敲打木鱼、小锣，窜门走户，将红纸剪蚕猫送给养蚕的人家，念唱此歌，为蚕农说吉利话，祈祷养蚕丰收。这种说唱形式名"念佛句"。念完此歌后，蚕农给祈蚕人米一升左右。在蚕乡无锡广为流传一首祈蚕歌《蚕花娘娘进门来》，歌词唱道：

蚕花娘娘进门来，添喜又添财。头眠二眠眠下来，三眠三叶守蚕台。大眠开叶忙碌碌，摇龙上山等钱来。桑叶吃到剩条筋，茧子结来像铜铃。草龙黄如金，茧子白如银。东打听，西打听，打听茧价啥行情？无锡有爿丁隆兴，后台老板外国人。小当家是宁波人，当秤先生南泉人。账房先生无锡城里人，拿起黄杨算盘算一算，三万零九分。走到家里笑盈盈，今年总算交小运。就去请路头斋财神，乡邻亲眷都有份。烧酒蜜淋琼，四干四炒四冷盆。白切肉，酿面筋，鲜鲜黄鱼大圆笋。八宝饭，炒蹄筋，个个吃得蛮称心。发财全靠手勤俭，饿煞懒人猢狲精。②

这首祈蚕歌一开头就唱"蚕花娘娘进门来，添喜又添财"，表达了人们接蚕神时迫切、期待、喜悦的心情。蚕桑丰收后，乡邻亲眷庆祝，"烧酒蜜淋琼，四

---

① 金煦、钱正、马汉民主编：《苏州歌谣谚语》，中国民间文艺出版社，1989，第122-123页。
② 郭维庚主编：《中国歌谣集成·江苏卷》，中国ISBN中心出版，1998，第55-56页。

干四炒四冷盆。白切肉，酿面筋，鲜鲜黄鱼大圆笋。八宝饭，炒蹄筋，个个吃得蛮称心"。

上海自古就有种桑养蚕和手工制丝织绸的传统，是近现代丝绸贸易的中心。上海市郊的金山县曾有"无不桑之地，无不蚕之家"的美誉，这里流传着一首祈蚕歌《蚕花歌》，歌词唱道：

蚕花菩萨到门来，黄金元宝滚进来，蚕花菩萨不是今年有，不是去年有，大宋朝流落到现在。

十二月十二蚕生日，有的相信盐水浸，有的相信清灰浸，浸得蚕纸绿盈盈，清水里漂一漂，太阳里晒一晒，藏到来年正月新。

三月里正清明，清明过去谷雨天，谷雨三朝蚕出世，鸡毛幼蚕软绵绵。蚕宝宝养出千千万，万万千，快刀切叶金丝片，两日两夜管头眠，三日三夜管二眠。

楝树开花管三眠，蔷薇花开捉大眠。去年大眠捉了两三担，今年大眠捉了十外担。大眠开叶五昼时，顷刻丝头韧牵牵，东面叫个大佬倌，西面叫个二老倌。

上山要用西山竹，搭起山棚接连连，七十岁公公端花盘，八十岁公公上花蚕。

隔仔三天开山棚，只见茧子白绵绵，叫了十个婶婶采茧子，十个叔叔卖茧子。卖了三十六只大元宝，七十二只小元宝，大元宝藏窖箱，小元宝出外做营生，行行生意赚元宝。①

这首祈蚕歌流传于金山县的枫围、廊下、钱汉、金卫等地。在清明节、十二月十二日蚕神生日时祭拜蚕神，祈祷"蚕花菩萨到门来，黄金元宝滚进来"，表达蚕农对蚕神的敬仰和敬畏之情。歌词"蚕花菩萨不是今年有，不是去年有，大宋朝流落到现在"，反映了这里的蚕神崇拜可追溯到宋代。同样，流传于湖州长兴县的祈蚕歌《龙蚕娘》，歌词亦有"龙蚕不是今年出，宋朝手里到如今"之句。

---

① 姜彬主编：《中国歌谣集成·上海卷》，中国 ISBN 中心出版，2000，第67-68页。

　　在太湖流域的蚕乡对"蚕神"的祭拜和信仰是非常普遍的，这是缘于"男耕女织"的小农经济结构重要特点。种桑养蚕在这种经济结构中占有重要的地位，是蚕乡蚕农重要的经济来源。种桑养蚕的营利模式是周期短、见效快，流传于这一地域的谚语，对此作了精准的概括。流传于太湖流域数量众多的蚕桑谚，简而择其要如下：

　　　　　　　　吃饭靠种田，用钱靠养蚕。

　　　　　　　　蚕是农家宝，一年开销靠。

　　　　　　　　勤纺线，懒养蚕，四十二日见大钱。

　　　　　　　　种桑养蚕，勿愁吃穿。

　　　　　　　　养得一季蚕，可抵半年粮。

　　　　　　　　一缸油盐一缸酱，要靠蚕桑出粮饷。[①]

　　　　　　　　衣食住行衣为先，养好蚕宝宝种好棉。

　　　　　　　　蚕好用一年，田好吃一年。

　　　　　　　　一年两熟蚕，相抵半年粮。

　　　　　　　　男采桑，女养蚕，四十五天见现钱。

　　　　　　　　多采桑，勤养蚕，四十天见现钱。

　　　　　　　　桑是摇钱树，蚕是银元宝。

　　　　　　　　栽桑养蚕，当年赚钱。[②]

　　　　　　　　勤栽桑，勤养蚕，四十八天就见钱。

　　　　　　　　桑是摇钱树，蚕是聚宝盆。

　　　　　　　　养得一季蚕，可抵半年粮。

　　　　　　　　养鸡养蚕，利在眼前。

　　　　　　　　种竹养鱼千倍利，栽桑养蚕当年益。[③]

---

① 蒋风主编：《中国谚语集成·浙江卷》，中国 ISBN 中心出版，1995，第 754–755 页。

② 王骧主编：《中国谚语集成·江苏卷》，中国 ISBN 中心出版，1998，第 731–732 页。

③ 王文华主编：《中国谚语集成·上海卷》，中国 ISBN 中心出版，1999，第 610 页。

这些蚕桑谚语是蚕农生活经验的积累和总结，在内容上具有经验性、哲理性和权威性，是蚕乡蚕农最朴素的蚕桑经济哲学的高度概括。由于蚕桑经济在蚕农家庭中占有极为重要的地位，蚕桑收成的好坏则直接关系到整个家庭生活水平和收入多少。蚕农祈求蚕桑丰收，可以说是蚕神崇拜的心理基础。

这种虔诚的蚕神崇拜在祈蚕歌里表现得淋漓尽致，祈蚕歌唱道"马明王菩萨到府来，到你府上看好蚕""蚕花娘娘进门来，添喜又添财""蚕花菩萨到门来，黄金元宝滚进来"等等。在蚕神的保佑下，蚕农也描绘和叙唱了他们的丰收愿景："卖丝银子呒处去，买田买地造高厅。高田买到南山脚，低田买到太湖边。来者保你千年富，去者保你万年兴""当家娘娘存心办嫁妆，当家爹爹想要造楼房""上海城里开爿大钱庄，收着蚕花买田地，高田买到寒山脚，低田买到太湖边"。

三、民间习俗

太湖流域有悠久的蚕桑历史，在漫长的种桑养蚕的历史进程中，逐渐形成了种种与蚕桑生产有关的习俗，并渗透进蚕乡民众的日常生活之中，蚕乡的岁时习俗、人生礼俗等民间习俗中都烙下了蚕桑文化的印迹。春节期间和清明前后，蚕乡民间都要举行一系列的蚕俗活动。呼蚕花是湖州传承已久的春节习俗，吃过年夜饭，儿童们兴高采烈，提着马头灯、元宝灯、鲞鱼灯、兔子灯等，点燃灯里的红烛，在村前屋后，田头地脚，来回奔逐嬉戏，嘴里唱着《呼蚕花》：

猫也来，狗也来，蚕花宝宝跟伢同介来。天上落下蚕花来，水上泛起鱼花来。蚕花——啊来，鱼花——啊来，蚕花落拉伢蚕笪内，鱼花落拉伢鱼塘内。地皮底下泛起银子来，大元宝搭伢门角落里滚进来，小元宝搭伢户槛缝里轧进来。放得三十六爿麒麟当，轻船去，重船来，廿四个朝奉收账来，嘭啪！铜钿银子上阁栅。①

这种"提灯燃烛呼蚕花"的游戏，旨在祈求养蚕丰收，寄寓了蚕农美好的

---

① 钟伟今主编：《浙江省民间文学集成　湖州市歌谣谚语卷》，浙江文艺出版社，1991，第265页。

心愿。

扫蚕花地是杭嘉湖地区蚕乡民众喜闻乐见的一种民俗歌舞小戏，取材于蚕桑生产，表达蚕农祈求养蚕丰收、生活美好的愿望。此歌舞表演多集中在清明前后，正值蚕农扫蚕室、糊窗除尘、清洁蚕具、准备蚕桑生产之际。《扫蚕花地》歌词唱道：

一

三月天气暖洋洋，家家焐种搭蚕房。蚕房搭在高厅上，玟窗纸糊得泛红光。蚕花娘娘两边立，聚宝盆一只贴中央。蚕子焊在蚕笪内，乌蚁出得密密麻麻。手拿秤杆来挑种，轻轻鹅毛掸龙蚕。龙蚕落笪忙扎火，下面扎火暖洋洋。快刀切叶铜丝绕，轻轻拿叶饲龙蚕。三日三夜头眠郎，两日两夜二眠郎。菜籽刹花蚕出火，楝树花开做大眠。上年大眠做勿出，今年羌羌要做几百两。大眠开桑一昼时，吩咐龙蚕要过屎。蚕凳跳板密密麻，龙蚕摆着下地棚。采桑摘叶忙忙碌，大担小担转家乡。拿起叶籭饲龙蚕，抛叶掸叶饲龙蚕。大眠放叶四昼时，丝头袅袅上山棚。高搭山棚齐胸盘，蚕毛稻草插得蕲蕲齐。龙蚕捉在金盘内，吩咐龙蚕去上山。南厅上去三眠子，北厅上去四眠蚕。东厅上去多丝种，西厅上去玉龙蚕。东家娘娘私房蚕花吮上处，上伊穿堂两过路。龙蚕上山忙扎火，四厅扎火暖洋洋。龙蚕上山三周时，推开山棚看分明。大的"帽顶"半斤重，小的"帽顶"近四两。上年蚕子落勿出，今年羌羌要称几百两。东家老板真客气，挽起篮子走街坊。买鱼买肉买荤腥，东南西北唤丝娘。三十六部丝车两行装，当中出条小弄堂。小小弄堂做啥用，东家娘娘送茶汤。脚踏丝车啊咕响，绕绕丝头掼在响叶上。做丝娘娘手段高，车车敲脱一百两。粗丝卖到杭州府，细丝卖到广东省。卖丝洋钿吮法数，扯来大木造房廊。姐姐造了绣花楼，倌倌造了读书房。高田买到杭州府，低田买到太湖上！

二

扫地要扫羊棚头，养只羊来像马头。扫地扫到猪棚头，养只猪猡像黄牛。今年蚕花扫得好，明年保俙三十六。高高蚕花接了去，亲亲眷眷都要好。今年扫好蚕花地，代代子孙节节高。①

扫蚕花地一般在农家堂屋或蚕房表演，也在庙会上表演。表演者多为女性。身着红袄红裙，头戴"蚕花"，发髻插鹅毛，左手托铺有红绸、缀满蚕花的小蚕匾，右手执手柄上饰有"蚕花"的扫帚，在小锣小鼓伴奏下登场，边歌边舞，意在扫除晦气和诸孽障，以保蚕茧丰收。扫蚕花地还兼有保佑六畜兴旺之意。

扫蚕花也是春节期间和清明前后民间艺人的一种乞讨形式。旧时春节，乞讨者手拿一把制作精巧的扫帚道具，演唱《佯扫地》，歌词唱道：

恰巧恰巧真恰巧，今年来了我陆阿小。多年勿来扫，年成也还好；今年来扫扫，年成越加好。扫得当家菩萨哈哈笑，灶家菩萨打虎跳，财神菩萨送元宝。东家师娘侬讲好勿好？好好好，还要好。……嘟啦一扫帚，扫帚扫到房里头。房里头真考究，八脚眠床红板凳，大红绵被放里头，白铜帐钩分左右，两只狮子滚绣球，两头一双绣花枕，生个宝宝中状元。②

演唱完毕，东家给乞讨艺人的米、年糕或钱，要比一般乞丐优厚得多。也有乞讨者演唱《扫蚕花》，歌词唱道：

手捏扫帚唱上门，蚕花越扫越茂盛。一扫扫到摇车边，摇出纱来细稠稠。二扫扫到猪棚头，养只猪猡象牯牛。三扫扫到羊棚头，养只羊，像白马。四扫扫到灶脚边，白米饭，香喷喷。五扫扫到蚕房门，蚕花要采廿四分。③

唱者手持一把稻草扎成的扫帚，在门口边扫边唱，祝福蚕花茂盛。"蚕花廿四分"是蚕农的一句祝福语，"廿四分"取双倍丰收之意，为讨彩头之语。

旧时春季养蚕前夕，有携带蟒蛇的民间艺人，上门乞讨时唱《赞蚕花》，歌词唱道：

---

① 钟伟今主编：《浙江省民间文学集成　湖州市歌谣谚语卷》，浙江文艺出版社，1991，第268-272页。
② 钟伟今主编：《浙江省民间文学集成　湖州市歌谣谚语卷》，浙江文艺出版社，1991，第273-276页。
③ 陆殿奎主编：《浙江省民间文学集成　嘉兴市歌谣谚语卷》，浙江文艺出版社，1991，第30页。

　　青龙到，蚕花好，去年来了到今朝；看看黄蟒龙蚕到，二十四分稳牢牢。当家娘娘看蚕好，茧子采来像山高；十六部丝车两行排，脚踏丝车鹦鹉叫。去年唤个张大娘，今年换个李大嫂；大娘大嫂手段高，做出丝来像银条。当家娘娘为人好，滚进几千大元宝；上白绵兜剥两绪，送送外面个放蛇佬。①

　　民间俗信黄蟒蛇为青龙，认为青龙到蚕花好，非常乐意施舍，且均施绵兜，故亦称"唱绵兜"。《唱绵兜》歌词唱道：

　　一家过去两家来，家家人家大发财。南面来个放蛇佬，家家人家都走到。大娘娘，大阿嫂，做人好来为人好。看出龙蚕哈哈笑，二十四分稳牢牢。脚踏云梯步步高，茧子堆到屋脊牢。上白绵兜剥两肖，送送我个放蛇佬。②

　　携蛇艺人（也称"放蛇佬"）乞讨时所唱歌词，多为祈求蚕桑丰收，蚕农乐于向"放蛇佬"施舍。

　　在太湖流域，众多的人生礼俗都与蚕桑文化有关，民众的衣食住行、婚丧嫁娶，都体现着蚕桑文化的影响，并形成独具蚕乡特色的民间习俗。婚嫁是人生中的一件大事，清代袁枚《雨过湖州》有"州以湖名听已凉，况兼城郭雨中望。人家门户多临水，儿女生涯总是桑"的诗句。一生离不开桑，是蚕乡儿女生活的真实写照。嘉兴桐乡婚俗，新娘接至新郎家门口时，新郎家须向四周撒一些钱币，称"撒蚕花铜钿"，喜娘唱《撒蚕花》，歌词唱道：

　　新人来到大门前，诸亲百眷分两边。取出银锣与宝瓶，蚕花铜钿撒四面。蚕花撒向南，添个倌倌中状元。蚕花撒向北，田头地横路路熟。蚕花撒过东，一年四季福寿洪。蚕花撒过西，生意兴隆多有利。东西南北撒得匀，今年要交蚕花运。蚕花茂盛廿四分，茧子堆来碰屋顶。③

①　朱秋枫主编：《中国歌谣集成·浙江卷》，中国 ISBN 中心出版，1995，第147—148页。
②　钟桂松主编：《中国民间文学集成　桐乡县故事歌谣谚语卷》，浙江省民间文学集成办公室，1989，第517页。
③　钟桂松主编：《中国民间文学集成　桐乡县故事歌谣谚语卷》，浙江省民间文学集成办公室，1989，第517页。

撒帐是汉族民间的婚仪习俗，起源于汉朝。到了宋代，撒帐婚仪十分盛行，孟元老《东京梦华录》载："男挂于笏，女搭于手，男倒行出，面皆相向，至家庙前参拜毕，女复倒行，扶入房讲拜，男女各争先后，对拜毕就床，女向左，男向右坐，女以金钱彩果撒掷，谓之'撒帐'。"①吴自牧《梦粱录》载："行参诸亲之礼毕，女复倒行，执同心结，牵新郎回房，讲交拜礼，再坐床，礼官以金银盘盛金银钱、彩钱、杂果撒帐次。"②撒帐是对新婚夫妇的祝福，寄寓健康长寿、富贵吉祥、多生贵子之意。撒蚕花是太湖流域蚕乡特有的一种婚俗仪式，意在祝福蚕茧收成好。

旧时新娘婚后第二天，要参加一次"蚕经肚肠"的仪式。在厢屋中，以四椅围成圈，圈中置一栲栳，内放面条、蚕种、秤杆（面条，意长寿；蚕种，意蚕花茂盛；秤，意称心如意），由喜娘持染红丝绵打成的绵线，领新娘绕椅盘转，边转边将红绵线绕于椅背上，边绕边唱《蚕经肚肠》，歌词唱道：

第一转长命百岁，第二转成双富贵，第三转连中三元，第四转四季发财，第五转五子登科，第六转六路进财相，第七转七世保团圆，第八转八仙祝寿，第九转九子九孙，第十转十享满福。蚕肚肠经得匀，年年蚕花廿四分。③

蚕经肚肠是一种象征性的缫丝劳动，仪式分起经、收蚕肚肠、扫蚕花地、捐栲栳等四步，传说经历此仪式后，新娘在婆家养蚕才会"蚕花廿四分"。此歌意在祝福新媳妇将来养蚕缫丝吉利。

旧时建房安置屋顶正梁的仪式叫"上梁"，主要是安装建筑物屋顶最高一根中梁的过程，古人以为"上梁有如人之加冠"，非常重视。上梁时"挂红绿布"的习俗起源于民间传说，意在祈求上梁顺利、新屋顺意、福贵长久、子孙满堂。上梁时，木匠唱《挂红绿布》，歌词唱道：

红绿布来千根丝，亲家买来贺主家，左边飘来牡丹花，江南号称富贵家。

---

① 孟元老：《东京梦华录》卷5，黑龙江人民出版社，2004，第33页。
② 吴自牧：《梦粱录》卷20，黑龙江人民出版社，2003，第187页。
③ 朱秋枫主编：《中国歌谣集成·浙江卷》，中国ISBN中心出版，1995，第150页。

一拜天、二拜地、三拜祖师在上头，主家给我一只壶，上有金，下有银，托是托的聚宝盆，万两黄金造花厅。一敬天来二敬地，三敬东方三喜逢，四敬南方黄道日，五敬西方福禄寿三星高照，六敬北方会八仙，各路神仙来保护，保护主家喜上紫金梁。①

　　据史料记载，建房上梁仪式始于魏晋时期，迄明清时已非常普遍，它是一种求吉礼仪。嘉兴市桐乡旧俗，蚕农建新房上梁时，木匠在梁上朝下扔糕点，边扔边唱《接蚕花》：

　　四角全被张端正，二位对面笑盈盈；东君接得蚕花去，看出龙蚕廿四分。大红全被四角齐，夫妻对口笑嘻嘻；双手接得蚕花去，一被蚕花万倍收。②

　　蚕农夫妇手扯被单在下面张接抛物，俗称"接蚕花"。歌词"双手接得蚕花去，一被蚕花万倍收"寄寓了蚕农美好愿望。此歌真实地反映了蚕乡重大礼俗中蚕桑文化的影响。
　　太湖流域的人生礼俗，除了表现在婚礼、建房上，在丧葬上也深受蚕桑文化的影响。在死者转道遥前，由两个老妇把十二个绵兜依次从头拉到脚，一边拉一边唱《送丧十二个绵兜》，歌词唱道：

　　日出东方紫云高，架起龙门到厅堂。红漆脚桶掇出来，烧水拿来抹身上。
　　先潮面来后潮身，潮好面来穿衣襟。半夜过去头鸡叫，手拿绵兜翻逍遥。
　　头一个绵兜初起头，头顶翻到脚后头。冬天翻了浑身暖，夏天翻了水风凉。
　　第二个绵兜凑成双，长幡宝盖灰领路。金童玉女送过桥，手拿清香见阎王。
　　第三个绵兜三鼎甲，举人秀才有半百。十八个翰林来送丧，外加还有文武状元郎。
　　第四个绵兜翻四角，去朝官府送朝本，天下无事保太平，风调雨顺福满门。
　　第五个绵兜是白线，推开黄光见佛面，推开云障见日头，推开乌云见青天，

---

①　钟伟今主编：《浙江省民间文学集成　湖州市歌谣谚语卷》，浙江文艺出版社，1991，第228—229页。
②　朱秋枫主编：《中国歌谣集成·浙江卷》，中国 ISBN 中心出版，1995，第150页。

推开浮萍见清水。

第六个绵兜是六邻，保护亲戚邻舍都太平。

第七个绵兜七名扬，铁拐李临街开爿团子店，阳间凡人吃了活千年。

第八个绵兜是八仙，住在人间天堂三周年。人人说道呒介事，倒是成了活神仙。

第九个绵兜是观音，救苦救难救凡人。前世勿曾讨了银阳寿，来到这世里原得有福有寿投个惬意人。

第十个绵兜翻和顺，上桥也有清水铜面盆，下桥也有棋盘花手中。桥神土地咪咪笑，空手呒事走过桥。

第十一个绵兜加一绡，身长六尺转逍遥。

第十二个绵兜翻完成，保护那亲子亲孙出门碰着摇铟树，进门得只聚宝盆！①

拉好绵兜后，撒上纸铟，边撒边唱《投铜铟》，歌词云："头把铜铟投到头上投个男身戴官帽，投个女身戴凤冠；第二个铜铟投到嘴边买仙茶；第三把铜铟投到身上买龙袍；第四把铜铟投到手边买香烧；第五把铜铟投到腰边买玉带套；第六把铜铟投到脚边买朝靴；官道大路都买到，茅草泥路让闲人小鬼跑。"②入殓前将绵兜连同纸铟一齐收起放进棺材，是给死者到阴间受用的意思。

太湖流域蚕乡农村，人死后有讨蚕花的风俗。死者入殓时，其晚辈须夫妻双双，随带四绡绵兜，来到棺木旁，取三绡二人扯长，蒙于死者身上，留下一绡称"蚕花绵兜"。在扯蒙绵兜时唱《讨蚕花》，歌词唱道：

手扯绵兜讨蚕花，亲人阴灵来保佑。手捏鹅毛掸龙蚕，筐筐龙蚕廿四分。手捏黄秧种青苗，爿爿田里三石挑。养只猪，像牯牛；养只羊，像白马。出门碰着摇钱树，进门端只聚宝盆。脚踏云梯步步高，回步捧进大元宝。③

---

① 钟伟今主编：《浙江省民间文学集成　湖州市歌谣谚语卷》，浙江文艺出版社，1991，第248—250页。
② 钟伟今主编：《浙江省民间文学集成　湖州市歌谣谚语卷》，浙江文艺出版社，1991，第251页。
③ 朱秋枫主编：《中国歌谣集成·浙江卷》，中国ISBN中心出版，1995，第150—151页。

　　扯蒙绵兜时，由一平辈女性在旁念唱此歌，俗称"讨蚕花"，扯下来的绵兜，带回给小孩翻绵衣用，据说可以避邪。此俗意在求死者保佑后辈生活安乐，养蚕顺利。

　　综上所述，蚕桑习俗深深影响着太湖流域蚕乡人的日常生活。这些在岁时节令、人生礼俗诸活动中演唱的歌谣，几乎都打上了"蚕花"的烙印。流传于太湖流域的蚕桑歌谣，有的出于对蚕神的崇拜和信仰，有的源于祛除蚕桑病祟的迷信，有的出于对蚕桑丰收的祈祷，有的关系蚕桑生产的人际关系和社会生活，等等。这些蚕桑歌谣是了解和研究蚕桑文化和太湖文明的史料，具有重要的民俗史料和区域文化研究的意义。

（工作单位：湖州师范学院）

桑榆意象在生态建设中作为中介的意义

马明奎

一、文学观照：暮春之景，田园之美

《红楼梦》第十八回元妃省亲。元妃命新建成的大观园一匾一咏。宝玉说四匾中有一匾没咏成，黛玉乘机想展示自己的诗才："既如此，你只抄录前三首罢。趁你写完那三首，我也替你作出这首了。"这就是《杏帘在望》："杏帘招客饮，在望有山庄。菱荇鹅儿水，桑榆燕子梁。一畦春韭绿，十里稻花香。盛世无饥馁，何须耕织忙。"这首诗描写的是稻香村，"诗眼"正是桑榆意象。

（一）稻香村的点睛之笔

转过山怀中，隐隐露出一带黄泥墙，墙上皆用稻茎掩护。有几百株杏花，如喷火蒸霞一般。里面数楹茅屋。外面却是桑、榆、槿、柘，各色树稚新条，随其曲折，编就两溜青篱。篱外山坡之下，有一土井，旁有桔槔辘轳之属；下面分畦列亩，佳蔬菜花，漫然无际。

贾政笑道："倒是此处有些道理。虽系人力穿凿，却入目动心，未免勾引起我归农之意。我们且进去歇息歇息。"[①]

《红楼梦》第十七回出现了桑榆意象。这里发生了贾政与宝玉的父子之争。

---

① 曹雪芹、高鹗：《红楼梦》，人民文学出版社，1979，第192页。

130

（1）命名之争。忽见路旁有一石碣，亦为留题之备。清客们笑道："立此一碣，又觉许多生色，非范石湖田家之咏不足以尽其妙。"他们说："此处古人已道尽矣，莫若直书'杏花村'妙极。"可是贾宝玉发表了不同意见："旧诗有云：'红杏梢头挂酒旗'。如今莫若'杏帘在望'四字。"众人都道："好个'在望'！又暗合'杏花村'意。"宝玉冷笑道："村名若用'杏花'二字，便俗陋不堪了。唐人诗里，还有'柴门临水稻花香'，何不就用'稻香村'的妙？"众人哄声拍手："妙！"贾政断喝："无知的业障，你能知道几个古人，能记得几首旧诗，敢在老先生们跟前卖弄！"贾政还提醒贾珍做个酒幌用竹竿挑在树梢，旨趣与众清客一样。可是我们看出：贾宝玉重诗性，旨在出新；贾政意在颂圣，旨涉归农。
（2）气象之辩。步入茆堂，纸窗木榻，富贵气象洗尽。贾政心中就欢喜："此处如何？"宝玉却说："不及'有凤来仪'多了。"贾政就批评："无知的蠢物！你只知朱楼画栋，恶赖富丽为佳，那里知道这清幽气象呢？——终是不读书之过！"对此，宝玉也作了反驳："老爷教训的固是，但古人常云'天然'二字，不知何意？"众人道："'天然'者，天之自然，不是人力之所为的。"贾宝玉顺势阐述了自己的观点："却又来！此处置一田庄，分明是人力造作成的；远无邻村，近不负郭，背山无脉，临水无源，高无隐寺之塔，下无通市之桥，峭然孤出，似非大观，那及前数处有自然之理、自然之气呢？虽种竹引泉，亦不伤穿凿。古人云'天然图画'四字，正恐非其地而强为其地，非其山而强为其山，虽百般精巧，终不相宜……"贾政就喝命："扠出去！"可见，贾宝玉追求的是"天然画图"，贾政却追奉"清幽之象"。（3）骚雅之别。贾政说直用"杏花村""犯了正名"，而且将景点直推眼前，成为当下的现实；贾宝玉的"杏帘在望"就不同了，遥望烟雨中的村酒人家时会不觉联想到卓文君"当垆卖酒"之类，文人风流衍入历史视野就变成骚雅，不苟世尘的诗学审美外化为挺拔高峻的人格气象，正是"目送归鸿，手挥五弦，俯仰自得，游心太玄"的意境。作为稻香村的"诗眼"，"杏帘在望"成为全诗意境的一个大介体，所谓"意内者骚，言外者雅。苟无悱恻幽隐不能自道之情，感物而发，是谓不骚；发而不有动宕闳约之词，是谓不雅"[1]。这便是宝玉的骚情雅意。骚雅是一种清远高雅、本真而自然的人格境界。

---

[1] 陈衍：《石遗室诗话》，人民文学出版社，2004，第309页。

（二）暮春之景中的归宿之思

"菱荇鹅儿水，桑榆燕子梁"是《杏帘在望》的核心句：近前的河湖田漾里，鹅儿嬉游在长满菱荇的碧水中；燕子飞进飞出，衔泥从桑榆间飞回屋梁上筑巢。这里隐含了一个人生命题：杏花微雨，燕子从远空飞回，回到了梁间。可是人呢？稻香村是李纨的居所；槁木死灰、静若止水的外相下面，她的真实情感和心理呢？"一畦春韭绿"是清明时节，"十里稻花香"就是秋天了。当诗人伫望来来回回的燕子衔泥筑巢时，那一派春意熙和的桑榆之景渐渐衍归无所属、秋叶凋零的终极之思，那种"野云孤飞，去留无迹"的生命意境①，也渐变为一种人生无常的怆惘和孤渺。

（三）田园之景和隐逸之趣

田园的本质是与世无争。这首诗写田园风光，应属于黛玉的"诮语娇音"，很容易联想到辛弃疾那首《清平乐·村居》："茅檐低小，溪上青青草。醉里吴音相媚好，白发谁家翁媪？大儿锄豆溪东，中儿正织鸡笼。最喜小儿亡赖，溪头卧剥莲蓬。"第四十五回《金兰契互剖金兰语 风雨夕闷制风雨词》中，宝玉说要送黛玉一顶斗笠以备冬天下雪，黛玉随口说："戴上那个，成了画儿上画的和戏上扮的渔婆儿了"。然后就是一个大红脸：刚刚嘲笑宝玉戴箬笠、披蓑衣、像渔翁，却不自觉把自己比了个渔婆。"一畦春韭绿，十里稻花香"，不就是与"稻花香里说丰年，听取蛙声一片"情趣完全相同的一幅画吗？如此本然的生态，惜哉不是潇湘馆、怡红院，而在稻香村：寡母孤子，闹市真隐。"盛世无饥馁，何须耕织忙"是自嘲？抑或是潜意识中的乌托邦梦想？都不是。黛玉曾说："我虽不管事，心里每常闲了，替他们一算，出的多，进的少。如今若不省俭，必致后手不接。"宝玉就笑道："凭他怎么后手不接，也不短了咱们两个人的。"林黛玉的忧患意识和洞察能力确实令人心警。一首应制诗不会有题外之旨，但是她有陶渊明式的"孤标傲世"。大观园的命名之争，人之于世的终极思考，众数美艳中的孤立不群，无不推举着林黛玉的宿命意识，而"桑榆燕子梁"是无意间流露的归宿忧患和隐逸思想。即使应制奉圣，林黛玉也超凡脱俗，与众不同。

---

① 尚慧萍：《"骚雅"词学观对清代词论的影响》，《文史哲》2010年第6期。

二、文化观照：山高路远，故园之思

自汉至唐，桑榆意象指涉春暮、晚境、田园，隐喻衰年、归宿、终极之思。曹植《赠白马王彪》："年在桑榆间，影响不能追。"林庚、冯沅君注："'桑榆'，日落黄昏的时候。《太平御览》卷三引《淮南子》：'日垂西，景在树端，谓之桑榆。'常用来比喻人的暮年。"[①]刘知几《史通·叙事》："夫杲日流景，则列星寝耀；桑榆既夕，而辰象粲然。""桑榆既夕"与"杲日流景"对说，呈示了桑榆景观与星辰日月同流共化于天地间的本体性，而人的存在则"始虽垂翅回溪，终能奋翼黾池，可谓失之东隅，收之桑榆"[②]。到了宋代，桑榆意象开始指涉农耕生产及安逸闲适的生活方式。

> 昔我去守陵阳日，门前夹道初种榆。
>
> 今年我自山南归，向槔大者皆柱粗。
>
> 两边合阴若深洞，满地清影繁如铺。
>
> 是时暑气正炎酷，无处容此烦病躯。
>
> 昼摇清风夜筛月，日日不可离群株。
>
> 闲邀亲友坐其下，左右间设琴与壶。
>
> 人生适意乃为乐，此乐已恐他更无。
>
> 霜飚未起枝叶在，且与诸君同此娱。[③]

文同，字与可，世称石室先生，梓州永泰人。元丰初出知湖州，未到任而卒，人称"文湖州"。他善篆隶行草飞白，尤长画竹，创深墨为面淡墨为背之法。苏轼尝题赞与可《梅竹石》："梅寒而秀，竹瘦而寿，石文而丑，是为三益之友。"说他下笔"能兼众妙"。其《种榆诗》直写"两边合阴若深洞，满地清影繁如铺。"已是惬意的田园生活环境。"闲邀亲友坐其下，左右间设琴与壶。"就是诗酒酬唱，折射着简雅素朴的生态生活观念。

---

① 林庚、冯沅君：《中国历代诗歌选》上编（一），人民文学出版社，1964，第163页。

② 束世澂编注：《后汉书选》，中华书局，1966，第75页。

③ 文同：《种榆诗》，中华诗词数据库，http://zjhu.xcz.im/work/585e3db48d6d810065e4018f，2024年3月1日。

唐代常建《太公哀晚遇》："落日悬桑榆，光景有顿亏。"① 虽然有象征寓意，但主要是实景：落日悬垂于桑榆之巅，可见其茂密葱郁。到宋代，农桑经济长足发展，桑榆已是主体产业。孟元老的《〈东京梦华录〉序》："出京南来，避地江左，情绪牢落，渐入桑榆。"② 孟元老，号幽兰居士，金灭北宋后南渡，于绍兴十七年（1147）撰成《东京梦华录》并序。"渐入桑榆"意指慢慢进入晚年了。"避地江左"就是真的到了农桑区域："鸡犬散墟落，桑榆荫远田""满园植葵藿，绕屋树桑榆""田家心适时，春色遍桑榆"③。这已不仅是心情，而是最一般的日常生活表述了。

明代黄道周《节寰袁公传》："溪子贵洞，千将利断，桑榆决机，不以为晏。"溪子指五溪，强弓名；贵洞是地名，指桑材。《史记·苏秦列传》："天下之强弓劲弩皆从韩出。溪子、少府时力……皆射六百步之外。"裴骃集解引许慎云："南方溪子蛮夷柘弩，皆善材也。"黄道周以五溪弓弩技术与贵洞桑树材质匹配，喻袁可立用事通达、明断是非的贤能；桑榆喻晚年的田园生涯，所谓"桑榆决机"就是善巧用材相宜决策的意思。此指晚境雍容，尚不迟暮，处事沉着，犹可决机，一种如同强弓匹配良材的天然纯熟境界。我们关注的是，明代日常生活以及国家军事中桑榆意象的存在，柘桑材质的广泛应用已达人人熟知的程度。在此语境下再看：菱叶充满荇菜飘浮的水面上，鹅儿自由自在嬉戏玩耍；从桑榆夹岸的河里衔泥，燕子飞来飞去到梁间筑巢；田野上是一畦畦春韭，一片片稻田。"盛世无饥馁，何须耕织忙"，如此幸福的田园和家园一直衍传到今天的江南大地。

相对而言，田园和家园乃是人之于世永恒的诗性。没有人将"盛世无饥馁"诠释为那个社会好到没有人挨饿，也不是说不需要耕织就能活。诗歌表达的是天伦之乐，是人与世界、人与他者、人与自然的和谐相融，所谓"诗意栖居"。与之迥异，西方的人类中心主义或自然中心论，把生态生命的本体性分割为主体、对象、世界，乃至主体间性、非中心以及自然主体——不论有机物种的内

---

① 陈贻焮、陈铁民、彭庆生册主编：《增订注释全唐诗（第1册）》卷133，文化艺术出版社，2003，第1089页。
② 孟元老撰，邓之诚注：《东京梦华录注》，中华书局，1982，第4页。
③ 《全唐诗》：中华书局，1960，第1279、1388、1470页。

在价值还是无机矿物的固有价值，都是主客对立、二元分割的思维，最关键的道德和伦理被阉割了。

在中国文化中，桑榆意象进入伦理构想，生成家园及田园的文化心理基质。"桑榆"一词与两个节日有关。清明采桑；寒食节则有禁火习俗，最早可追溯到《周礼·秋官》："仲春以木铎修火禁于国中"。① 即寒食节禁火。《周礼·月令》："春取榆柳之火。"② 即清明节以榆柳取新火起灶。唐代寒食节禁食 3 天，皇帝取榆柳之火赏赐近臣。胡仔《苕溪渔隐丛话》、李绰《辇下岁时记》、敏求《春明退朝录》都有记载。南宋宫中寒食节命内侍榆木钻火，先成者赐金碗，谓之"钻木改火"。"榆火轻烟处处新，旋从闲望到诸邻。"③ 乃是暮春榆火之游。后将寒食清明合为一节，开踏青俗，老少纷至郊外，女性也能春游，文人墨客更是纷纷登场："榆火换新烟，翠柳朱檐，东风吹得落花颠。"④ 元代则以扫墓代春游，榆火意象几灭。邵亨贞《忆旧游·追和魏彦文清明韵》："又见分榆火，奈移根换叶，往事堪嗟。"⑤ 杨文卿《河间清明》："疏狂目分云霄隔，榆火应知赐近臣。"⑥ 谭献《谒金门》："榆火梨花时节，独自怎生将息。"⑦ 还残留一点桑榆的痕迹。

与榆火的明灭不同，桑树、蚕桑、蚕花等意象在江南大地传承不息。《诗经》中涉及"桑"意象的有 20 多首。《山海经·海外东经》："汤谷上有扶桑，十日所浴，在黑齿北。居水中，有大木，九日居下枝，一日居上枝。"⑧ 这些"扶桑"形、实、叶均似桑树，可见，"扶桑"与"桑"同，应是原始先民敬奉桑树的心理显现。桑树作为一种原始意象，在原始宗教和神话传说中意义非凡。

榆意象则趋食用。各朝代均有榆钱食用记载。"嫩榆钱，拣去蒂萼，以酱

---

① 陈成国点校：《周礼仪礼礼记》，岳麓书社，1989，第 106 页。
② 杨晓明主编：《四书五经》，北岳文艺出版社，2004，第 325 页。
③ 彭定求等编：《全唐诗》，中华书局，1999，第 8386 页。
④ 李莱老：《浪淘沙·令》，中华诗词数据库，http://zjhu.xcz.im/work/585f3987128fe1006df25167，2024 年 3 月 1 日。
⑤ 邵亨贞：《忆旧游·追和魏彦文清明韵》，中华诗词数据库，http://zjhu.xcz.im/work/585cddc2da2f600 065826a5c，2024 年 3 月 1 日。
⑥ 钱仲联、章培恒、陈祥耀等编：《元明清诗鉴赏辞典》（辽金元明），上海辞书出版社，1994。
⑦ 谭献：《谒金门》，中华诗词数据库，http://zjhu.xcz.im/work/585f05b01b69e600561b0c3e，2024 年 3 月 1 日。
⑧ 冯国超译注：《山海经》，商务印书馆，2009，第 356-357 页。

油、料酒焖汤，颇有清味。有和面蒸作糕饵或麦饭者，亦佳。"① 豁达之态跃然。
榆树与饥荒相关。南宋王楙《野客丛书》："淮人至剥榆皮以塞饥肠，所至榆林弥
望皆白。"②《辽史·天祚皇帝本纪》："民削榆皮食之"③；到元代，刘时中仍有"剥
榆树餐，挑野菜尝"之句。

桑树使我们获得田园及家园的天伦之乐；榆树则使我们看到家园凋敝、田
园荒芜的悲惨。

三、生态观照：作为介体的桑榆意象

非人类中心主义以自然的内在价值（固有价值）立论，将道德关怀从人向
动植物及生态环境扩展。生态中心论、内在价值论、深层生态学的观点认为，
全部生物都具有内在价值因而都具有道德地位，这激发了人们的生态生命意识。

马克思主义确证人与自然的和谐共生，强调人与自然关系的演进规律，以
和谐代替对抗，主张以工具理性与价值理性的统一来革新人类心性。人是自然
整体的有机部分，又通过自然确证自己的存在，周围的一切存在都体现着人的
存在状态。"正是在改造对象世界的过程中，人才真正地证明自己是类存在物。
这种生产是人的能动的类生活。通过这种生产，自然界才表现为他的作品和他
的现实。"④ 但是，层创进化现象别有旨趣："当（首先是）生命和（其次是）学
习能力在没有生命的生态系统中出现时"⑤，生物自然的层创进化并没有人的参
与；层创进化全过程的主导者是宇宙自然。这就形成了人与自然以及人与自然
物这样二重关系，前者强调整体，后者侧重部分，两者不可分割。我们首先要
敬畏宇宙创生万物的力量，珍爱自然赋予的生命力和思想力。罗尔斯顿讲："自
然包括任何存在，是一切存在的总和。"⑥ 这些论述都是自然生命内在价值来源
的言说，但层创学说事实上指向本体性存在。中国传统文化认为，自然生命的

---

① 薛宝辰撰，王子辉注释：《素食说略》，中国商业出版社，1984，第 25 页
② 王楙：《野客丛书》，中华书局，1987，第 279 页。
③ 脱脱等：《辽史》卷 28《天祚皇帝纪》，中华书局，1974，第 338 页。
④ 马克思：《1844 年经济学哲学手稿》，人民出版社，2000，第 58 页。
⑤ 霍尔姆斯·罗尔斯顿：《环境伦理学》，杨通进译，中国社会科学出版社，2000，第 286 页。
⑥ 霍尔姆斯·罗尔斯顿：《哲学走向荒野》，刘耳、叶平译，吉林人民出版社，2000，第 40 页。

内在价值来自生态生命的整体性和谐存在，亦即伦理关系。敬畏宇宙爱护万物不如坚守家园看护田园；田园和家园就是一种伦理道德状态。桑榆乃家园景观和田园风物，"内在价值"或"固有价值"就不是孤栖之事自在之物，而是家园和田园的诗性体现。尤其是，桑榆意象作为中介之物，沟通着人与宇宙自然之间的神意传递。

（一）桑榆有神意

《淮南子·主术训》："汤之时，七年旱，以身祷于桑林之际，而四海之云凑，千里之雨至。"[①] 高诱注："桑林，桑山之林，能兴云作雨也。"《吕氏春秋·季秋纪·顺民》："昔者汤克夏而正天下。天大旱，五年不收，汤乃以身祷于桑林。"[②]《搜神记》也描述了这一情景："汤既克夏，大旱七年，洛川竭。汤乃以身祷于桑林，剪其爪发，自以为牺牲，祈福于上帝。于是大雨即至，洽于四海。"[③] 显然是一种天人感应。北方榆与桑似，屋后庙前，遮荫或神佑；榆林亦为祈雨之所。

（二）桑榆存祖灵

《墨子·明鬼》："燕之有祖，当齐之社稷，宋之有桑林，楚之有云梦也，此男女之所属而观也。"[④] 郭沫若讲，祖社同一物也，"祀于内者为祖，祀于外者为社，在古未有宗庙之时，其祀殊无内外"。[⑤] 可见祭神之"社"就在桑林，"是为了表达祈求风调雨顺，祈祷后世子嗣像桑树般枝繁叶茂的美好心愿，深层次上是祈求祖先神灵的护佑"[⑥]。北方祖屋一般以老榆树存祖灵，福泽绵长。

（三）采桑是劳作

《诗经·七月》："春日载阳，有鸣仓庚。女执懿筐，遵彼微行，爰求柔桑。"[⑦] 由此可见，最早在《诗经》的时代采桑就成为最普遍的生产劳作。

---

① 刘康德:《淮南子直解》，复旦大学出版社，2001，第383页。
② 张双棣:《吕氏春秋译注》，北京大学出版社，2000，第234页。
③ 干宝:《搜神记》，黄涤明译注，贵州人民出版社，2008，第196页。
④ 周才珠、齐瑞端:《墨子全译》，贵州人民出版社，2008，第215页。
⑤ 郭沫若:《释祖妣》，《郭沫若全集》考古编第一卷，科学出版社，2002，第57~58页。
⑥ 安建军、张莉:《原型批评视野中的"桑"意象探究》，《天水师范学院学报》2020年第10期。
⑦ 周振甫:《诗经译注》，中华书局，2001，第199~203页。

综上所述，从祭神祈雨到结社祭祖，从男女欢爱到日常劳作，桑榆意象不仅是"上手之物"，而且是人类与神沟通的中介之物。北方元宵节所用"霸王鞭"，即榆树枝沾贴粉彩，寓通神驱邪意，就是中介之物。若从"内在价值"或"固有价值"看，桑树或榆树只有实用价值。随着近年来"东桑西移"的国家战略实施，在东部发达地区，桑榆淡出生产，即使江浙水乡农桑业依然保存，却日渐成为记忆之事、情怀之物。那么，桑榆意象消逝了吗？

这正是我们所关切的。它不再是人神及祖先的沟通中介，而是当下与历史、城市与乡村、现代与古典、现代化与农桑经济之间最柔软最坚执的诗性生命关联。桑榆意象凝铸了民俗、习惯、情怀等历史根源性，是人类初年的生存方式和生命根柢。进入现代，桑榆意象成为"远古记忆"，作为介质，它依然是一种"不生不灭，不垢不净，不增不减"的历史存在，当我们的心灵进入某种临界时，成为引渡人类走回自我、走回本然的桥梁。

四、诗性存在：作为介质的桑榆意象

美国哲学家诺顿将人类中心主义分为强弱两种：前者主张从感性意愿出发，满足眼前利益和需要；后者则强调人类不能轻率地、盲目地、疯狂地使用、破坏、掠夺自然，而应该经过理性评价，满足长远利益和需要。[①] 在他之前，培根"驾驭自然，做自然的主人"的观点已使人类中心主义走向实践，"通过科学和技术征服自然的观念，在 17 世纪以后日益成为一种不证自明的东西"[②]。康德提出"人是目的"。黑格尔明确主张："人是自然界进化的目的，是自然界中最高贵的东西；自然界的一切为人而存在，供人驱使；一切依人的需要而安排宇宙。"这成为"传统文化价值观的核心"。[③] 事实也是这样："保护生命与自然是以维护人类自身存在为前提的，如果连整个人类自身的利益与生存都受到威胁，那么，保护生命与自然界就成为无稽之谈。"[④] 非人类中心主义思潮在人类面临严重生

---

① 王静薇：《人类中心主义浅析》，《青年科学》2009 年第 5 期。
② 威廉·莱斯：《自然的控制》，岳长龄译，重庆出版社，1996，第 71 页。
③ 刘湘溶：《生态伦理学》，湖南师范大学出版社，1992，第 98 页。
④ 刘峰：《从敬畏人类到尊重自然的转变——浅谈人类中心主义何以超越》，《宜春学院学报》2010 年第 12 期。

态危机的背景下，以"自然的内在价值""自然的权利"等命题作为保护自然的前提，力求取消人类的中心地位。然而，人不仅是自然界的一员，更是作为认识和实践的主体而存在的。人类要生存和发展就必须认识世界、改造世界，而认识和实践是人类无法放弃的生存方式。消解主体性就等于消解人的认识和实践能力，无异于消灭人类。按照马克思主义的观点：人不单作为物种存在，更是一种社会性存在，实践是人的根本存在方式。

所以，我们非常重视桑榆意象在天人之间的介体性。"天人合一"思想不仅是观念，更是思维方式。只有"维护了生态系统的稳定和美丽，才能实现人与自然的和谐发展，才能最终保护人类自身的利益"①。这个"一"就是生态伦理，就是人之于天地间的道德承担和伦理自治。人不能逆天，就不可以横行独立横逸斜出，而应以审美的、同一性的、家族亲情的观点认同自然，认同他者，认同这个世界的本体性存在，并以之为科学认知有效性的前提。这就必须追求特定行为方式，追求事物本身与其审美想象的同一。那么，事物本身是怎样的？以想象为基础的审美欣赏又是怎样的？这就是介质和介体的概念。

桑榆意象作为介体，在依循桑榆材质进入生产劳作与按照人的想象进行审美创造两者之间，不仅以其同一性、家族亲情以及天道圣性的介质性，自然导出对于自然世界及他者存在的责任性和使命感，而且作为介体本身就凝结着农桑生产及田园故乡的诗情和神意——认识自然、改造自然与保护自然、保护生态是一回事而不是两回事。介体同一性在于介质性，就是从根基处体认其他生命与人类一样，作为天道自然的创造物都具有存在的天然合理性；人与其他生命互为介体，共同引渡，所谓"天生我材必有用"。介体家族亲情指从根源处领承，人与其他生命的存在都是伦理化成之事，具有道德自治性；人类发展与其他生命繁衍不是互相攻伐优胜劣汰，而是亲情与共演化同科，所谓"民吾同胞，物吾与也"。介体的天道圣性是指基于根基性和根源性，在生态整体和生命本体的笼罩下，人与宇宙万物同样享有不可侵犯的存在权和生命权，而且较万物承荷着更多的、更深重的使命感和责任心：人类不仅是生存主体，更是一种文化传承的介体；不仅要"亲民""惜物"，俾"人尽其才，物尽其用"，尤须体

---

① 孙道进：《"非人类中心主义"环境伦理学悖论》，《天府论坛》2004年第5期。

认众生平等万物齐权，能持"己所不欲，勿施于人"之德，保护环境，捍卫其他生命存在。梁艳对藏传佛教的生态理念作了系统梳理，认为众生平等的平衡法则、慈悲为怀的菩萨心肠及禁止杀生的生命伦理对人类生态危机有现实的借鉴意义。[①] 张宗峦阐释了民间信仰、生活习俗以及兔子本生传、舍身饲虎等本生故事，[②] 阐述了人与万物类似的介质化和介体化（亦即神意化）原理，认证意象物（介质和介体）在沟通人天、敬畏神灵、保护动植、尊重生命的生态建构中有不可替代的意义和作用。

生态视野下的审美既是天性绽放，更是责任和使命。庄子说"有人，天也；有天，亦天也"，天人本是合一的。但人无限地扩张一己的欲望和恶性，丧失自然本性，变成自然的"逆子"。节制的目的是削弱贪欲。人不能无限制地积累、增长、扩张乃至殖民一切，而应"绝圣弃智"，将人性从欲望中解放出来，复归于"万物与我为一"之境界。《易经》将天地人并立，将人放在中心地位。天道旨在"始万物"，地道旨在"生万物"，人道则"成万物"。所谓"立天之道曰阴阳，立地之道曰柔刚，立人之道曰仁义"，天地人各有其道，相互对应、相互联系，是一种内在的生成关系和实现原则，也是以想象为基础的宇宙万物的审美欣赏。就审美而言，此种生成关系和实现原则是人及其存在的介质化和介体性，桑榆之类意象便是此种介体性的结晶。

介体性意味着对人及其存在的"本源性"探讨。海德格尔的"本源"指"一件东西从何而来，通过什么是其所是并且如期所是"[③]，本源大于本质：本质是一事物区别于另一事物的规定性，本源则是"本质之源"，是事物成其为自身因而诉诸一个时间段和过程性的东西。介体和介质不仅体现促逼一事物"是其所是"的技术性，也体现导引事物回归"如期所是"的价值性。介体是主体性滑入对象时的凝停物；滑入并凝停时的历史感和生态性即介质，是一种亦我亦物的生命状态。如果说介体是将事物引向"正确"的技术参数，介质就是澄明"真谛"的本源性所在。桑榆意象作为实体物象具有自然存在的本源性；虽然其生产价

---

① 梁艳：《藏传佛教中的生态理念和生态实践》，《青藏高原论坛》2014年第1期。
② 张宗峦：《论藏区民族风俗对生态环的保护》，《中国政法大学学报》2012年第4期。

③ 马丁·海德格尔：《马丁·海德格尔选集》，孙周兴译，生活·读书·新知三联书店，1996，第237页。

值已式微，但作为介质，它是生命意识和存在观念的标志物，是家园意象和田园意向的心理现实。桑榆意象的价值并不在"固有价值"，即景观意义，而在于"内在价值"，即审美价值，后者可将人的现代社区性存在引渡到家园或田园，实现诗性存在。

（作者单位：湖州师范学院）

环太湖地区民间蚕桑音乐形态与劳动经济关系研究

毛云岗

地处我国江南腹地的环太湖地区是中国蚕桑业和中国蚕桑文化的发祥地之一。环太湖地区民间桑蚕音乐经过代代传承，彰显出中华民族传统艺术之魅力。本文以环太湖地区民间蚕桑音乐的主要音乐形态与生产劳动关系作为研究对象，通过其音乐形态中的稳定旋律语汇与曲调溯源，来分析论证传统音乐的稳定性与变异性，推动其保护与传承；同时，通过对民间蚕桑音乐与民俗、经济以及蚕桑生产劳动关系的梳理，提炼、把握音乐与经济的双向互动发展规律。

一、环太湖地区民间蚕桑音乐整体概论

环太湖地区民间蚕桑音乐是蚕农在从事蚕桑生产劳动和蚕丝制作的过程中产生出来的原生态民间音乐形式。它以民歌、民间器乐、歌舞音乐、曲艺音乐和戏曲音乐的体裁流传在当地。与国内悲壮苍凉、荡气回肠的四川民间蚕桑音乐和华丽欢快、轻松愉悦的广东民间蚕桑音乐相比，环太湖地区民间蚕桑音乐形态以规整节拍、切分节奏为主，旋律线条以变化重复、音程模进和鱼咬尾为特征。这些音乐具有江南水乡那种古朴优雅、轻柔委婉的特点，唱词紧贴生活，表演形式多与蚕桑的劳动生活和民俗活动相关。例如流行于桐乡的蚕桑民歌《赞蚕花》以切分节奏为主，湖州的《蚕花调》旋律变化重复。同时，不同体裁的民间蚕桑音乐及某一体裁音乐结构内部的各个层面（如动机、乐汇层、乐句、乐段），常有相同的稳定旋律语汇，这是民间蚕桑音乐历代传承下来的不变因素，是其音乐形态的表现。这使得环太湖地区民间蚕桑音乐的曲调溯源成为可能。

二、环太湖地区民间蚕桑音乐形态研究

在环太湖地区的民间蚕桑音乐具体音乐形态特点方面，笔者对部分民间蚕桑音乐的谱例和录音进行了分析和探究，现归纳成以下几个要点。

（一）环太湖地区民间蚕桑音乐的曲式结构研究

环太湖地区民间蚕桑音乐，在蚕桑民歌方面以两个乐句和四个乐句组成的"一段体""二段体"居多，大多围绕一个音乐动机进行适量展开，在歌曲唱段结束时还适量加入小锣、小鼓等民族打击乐器，以增强热烈气氛。例如，流传于德清县乾元镇的民间蚕桑音乐"扫蚕花地"，以单人小歌舞为主，主要由女性表演。表演者头戴"蚕花"，身穿红裙红袄，高举铺着红绸的小蚕匾登场亮相，象征着蚕花娘娘给人们送来了吉祥的蚕花。表演者载歌载舞，做着糊窗、采叶、喂蚕、缫丝等各种动作，模拟养蚕缫丝等劳动。全曲共 38 段歌词，每段之间加入锣鼓过门，演员表演着程式化的舞蹈动作。最后是庆贺蚕茧丰收的环节，表演者高举蚕匾，音乐在东家娘子接过蚕匾的高潮中结束。在蚕桑器乐方面，大多在某个曲调的基础上进行发展，将乐曲的节奏变化扩展，加入一些演奏技巧，从而使整体音乐结构变得较为复杂。例如桐乡的蚕桑民歌《蚕花调》，由原来的一人敲小锣小鼓、边唱边敲的简单短小的歌舞形式，发展到后来的用二胡、笛子、三弦等多种民族乐器演奏的形式，一种曲调多次变奏反复，构成一曲。"起承转合"这种传统的民族音乐的结构形式在环太湖地区民间蚕桑音乐里也运用得比较普遍。例如，桐乡民间蚕桑音乐《浪柳圆调》《神歌调》《扫蚕花》，上海蚕桑民歌《四季生产歌》《拜调》，江苏吴江民间蚕桑音乐《小满戏》等。以下分析的 4 个谱例[①] 均为不规整的"一段体"民间蚕桑音乐结构。

（二）环太湖地区民间蚕桑音乐的音调发展手法研究

环太湖地区的民间蚕桑音乐，在民歌方面的特点是一曲多词，采用一个基本音调，通过歌词的不断变化，以述说吟唱的形式来表现蚕农的蚕桑生产劳动

---

① 均出自费莉萍：《德清扫蚕花地》，浙江摄影出版社，2014。

和蚕桑生活习俗，音调接近于平铺直叙。从音程关系上看，多以纯四度、纯五度构成的协和音程组成，还经常出现平稳关系的大小三度，偶尔会出现小六度、纯八度的大跳音程。例如湖州德清县的蚕桑歌舞《扫蚕花地》、桐乡的蚕歌《蚕桑调》和《泗洲调》，整个音调的发展均以大小三度、纯四度、纯五度音程为主，音调舒缓轻柔、优美动听，贴近于蚕农的劳动生活。谱例1第3、5小节里面就连续出现"si——mi"的纯四度音程。在器乐和戏曲方面，借鉴了江南丝竹的演奏形式，在音调的构成方面，多运用音程模进、音程级进、音程跳进、疏密相间等手法。例如，蚕桑戏曲《看蚕花》《小满戏》，蚕桑器乐《轧蚕花》《新市轧蚕花》，都是以"so——la——do"和"mi——so——la——re"作为骨干音组，整个音乐曲均围绕这几个母体音组进行各种形式的变化演奏，比如装饰音、过渡音，运用前倚音、后倚音、上波音、下波音、上滑音、下滑音等各类装饰记号，民族乐器的颤音、叠音、打印、抹音、增音等各种演奏技巧，速度的快慢、力度的强弱处理。经过蚕桑艺人的即兴表演，保留了环太湖地区民间蚕桑音乐的传统本色。

谱例1

（三）环太湖地区民间蚕桑音乐的织体特点研究

仔细分析环太湖地区各种类型的民间蚕桑音乐的乐谱，认真研究蚕桑艺人的演唱或演奏，我们可以发现，该地区民间蚕桑音乐作品以单旋律居多，若牵涉到乐器伴奏，则出现多声部的音乐织体。从多声部的音乐织体的蚕桑歌曲来看，各个声部以支声复调、模仿节奏、对比节奏为主，例如德清蚕桑民歌《扫蚕花地》和桐乡蚕桑民歌《蚕花调》里面，人声的演唱声部和打击乐器、丝竹乐器等伴奏声部间，就构成了填充式、呼应式和模仿式的织体关系。在蚕桑器乐里面，各类乐器的声部之间以"互学互补""若分若离""你简我繁""你繁我简"的音乐织体手法，形成了"支声复调""模仿复调""对比复调"和"倒影复调"的声部组合类型。例如，桐乡地区蚕桑器乐曲《赞蚕花》里面的笛子与二胡、笛子与琵琶、琵琶与中阮声部间的演奏，形成了"支声复调"和"模仿复调"；江苏吴江的蚕桑小戏《小满戏》里琵琶与三弦声部间的演奏，蚕桑器乐《中元山歌》中笛子与二胡声部间的演奏形成了"对比复调"和"同节奏二部"的织体组合，蚕戏伴奏里面琵琶与二胡声部间的交叉演奏，形成了"对比与倒影复调"。这些不同类型的民间蚕桑音乐演唱与演奏均体现了以上的织体特点。

（四）环太湖地区民间蚕桑音乐的调式调性研究

通过对搜集来的大量民间蚕桑音乐乐谱进行分析研究，从调式调性方面来看，环太湖地区的各类民间蚕桑音乐大多以民族五声调式为主，即宫体系内宫、商、角、羽调式，同宫系统内宫、角、商交替，同主音宫、角调式交替和宫、羽交替较多，不同宫系统宫调式转换（移宫换调），体现出效果柔和、意味淡雅的江南音乐特色。例如谱例 1 就是同宫系统内"e 羽、b 角、g 宫、a 商"调式交替；谱例 2 就是同宫体系内"a 商、b 角、d 徵、b 角"调式交替。

谱例 2

（五）环太湖地区民间蚕桑音乐的节奏节拍规律研究

该区域内的民间蚕桑音乐的节奏大都平稳舒缓、节拍比较均匀规整，通常运用较为稳定平衡的 2/4、4/4 节拍，较少使用急促的单拍子和富有动感、不稳定的三拍子，也经常出现混合拍子，例如谱例 2 中的 3/4 与 2/4 节拍交替。节奏方面多以八分音符、十六分音符组成的规整节奏出现，切分节奏、八分附点音符、前八后十六节奏音型也会经常出现，例如谱例1中的第2小节中的切分节奏、谱例2和谱例3当中的第1、2小节的"十六分音符节奏"和"前八后十六节奏"，谱例4中的"附点八分音符"和"附点切分节奏"。部分民间蚕桑音乐的引子和尾声部分较多使用自由悠长的散拍子，与该地区江南丝竹大部分作品以及民歌、越剧、昆曲、婺剧等相类似。在江南丝竹的变奏音调当中集中体现以"十六分音符"为一拍的"密集型节奏"，越剧里面又体现出宽松舒展的"八分音符"的"舒缓型节奏"。

谱例3

谱例4

三、环太湖地区民间蚕桑音乐与生产、习俗之关系

环太湖地区的民间蚕桑音乐和养蚕生产劳动有着直接的联系，是广大蚕农在长期的社会实践和生产劳动中自己创作、自己表演的民间艺术形式，也是蚕桑劳动者集体创作的结晶。管窥民间蚕桑音乐由简单到复杂的发展过程，蚕桑丝织生产及相关习俗起到了决定性的作用。分析民间蚕桑音乐的艺术表现，则是处处充满着劳动的气息。劳动种类决定着民间蚕桑音乐的风格，劳动的强度与劳动的力度决定着民间蚕桑音乐的速度与力度，劳动的特点决定着民间蚕桑

音乐的旋律特征和节奏节拍规律。因此，民间蚕桑音乐可以成为传授种桑养蚕生产经验的"教科书"，也成为蚕桑劳动者解除疲劳、振奋精神的"兴奋剂"；蚕桑劳动为民间蚕桑音乐提供了重要的创作素材、表演形式和表现场地，成为产生和发展民间蚕桑音乐的"播种机"。两者为密切相联、双向互动的关系。例如桐乡的《蚕花谣》、平湖的《看蚕花》、上海的《养蚕歌》都是通过唱词来介绍蚕桑生产经验、通过特有的节奏来表现蚕桑劳动场面。再如湖州德清县的蚕桑歌舞"扫蚕花地"就是蚕桑生产劳动中重要的一环。每年清明时节，在关蚕房门前，均要请艺人到家演出。这是一种祈愿，以扫除一切灾难晦气，即蚕祟，祝愿蚕桑丰收，因而带有一定的劳动仪式性。表演的动作和唱词内容均以描述养蚕的劳动过程为主，如"糊窗""采叶""喂蚕""缫丝"等动作。这些劳动的动作形成了舞蹈动作程式化特点。艺人表演时的道具、服装均是蚕乡劳动人民特有的生产工具，如竹匾、托盘、扫把、鹅毛等。江南妇女长期在蚕房的劳动形成了她们特有的娴静、端庄、温柔的性格和干净利落的劳动习惯，进而深刻地影响到了扫蚕花地的表演风格特征。民间蚕桑音乐不但反映了乡村蚕农的劳动生活习俗，而且还在介绍城镇蚕丝工人生产技术、统一生产步伐、促使蚕桑丝绸交易、加速城镇蚕丝工业经济的发展方面起到了巨大的作用。与此同时，专业市镇的繁荣也促进了民间蚕桑音乐的发展。

蚕桑劳动经济促进民间蚕桑音乐的产生和发展，民间蚕桑音乐反映了蚕桑劳动经济的表现特点，民间蚕桑音乐与蚕桑劳动经济相互依存、共同发展。环太湖地区是中国重要的蚕桑丝绸生产基地，气候温润，山清水秀，物产丰富，文化深厚，造就了该地区民间蚕桑音乐缠绵温雅、清新婉转的特点。民间蚕桑音乐是劳动者自己创作、代代相传的音乐形态，在特定的时期和场合进行表演，它具有相对稳定性，但也随着社会时代的变迁而发展变化。

（作者单位：湖州师范学院）

湖州蚕桑的历史语言遗存

——《湖蚕述》所见湖州蚕桑词汇

许巧枝

一、引言

《湖蚕述》是清朝湖州籍举人汪日桢的作品。汪日桢，字谢城，号刚木，浙江乌程（今湖州）人，咸丰壬子（1852）举人。

汪日桢在《湖蚕述》自序里面写道："蚕事之重久矣，而吾乡为尤重，民生利赖，殆有过于耕田，是乌可以无述欤！岁壬申（1872）重修《湖州府志》，'蚕桑'一门，为余所专任，以旧志唯录《沈氏乐府》，未为该备，因集前人蚕桑之书数种，合而编之，已刊入志中矣。既而思之，方志局于一隅，行之不远，设他处有欲访求其法者，必购觅全志，大非易事，乃略加增损，别编四卷，名之曰《湖蚕述》，以备单行。"[①]

《湖蚕述》成书于1874年，有光绪六年（1880）刻本及农学丛书、荔墙丛刻等本，中华书局于1956年出版铅印本。《湖蚕述》详细记载了栽桑、养蚕、缫丝、织绸等蚕桑文化的全套生产经验，及湖地百姓的养蚕习俗和蚕桑文化信仰，记录保存了大量蚕桑词汇。

以下按《湖蚕述》原书的顺序，以湖州方言中的蚕桑词汇为纲，逐条加以阐

---

① 汪日桢:《湖蚕述》，中华书局，1956，第1页。

释。所居版本为中华书局 1956 年 10 月第 1 版。

二、《湖蚕述》中的湖州蚕桑词汇例释

（一）《湖蚕述》卷一

1. 总论

劳钺《湖州府志》：蚕食头叶者谓之头蚕，食二叶者谓之二蚕，食柘叶者谓之柘蚕，又名三眠蚕（按：今三眠蚕亦食桑叶）。刘沂春《乌程县志》：蚕，俗谓之春宝（按：今俗称蚕宝宝），一年生意，诚重之也。[1]

头蚕：每年春季养的第一场蚕，多在四五月。今湖州方言亦称"春蚕"。
二蚕：每年养的第二场蚕，多在六月。今湖州方言亦称"夏蚕"。
春宝：蚕农对蚕的爱称。今湖州方言亦称蚕宝宝、宝宝。

大凡天气寒暖调匀，收蚕至上山一月为期，初眠七周，二眠四周，出火四周，大眠四周，上山七周，其中有饷食数周，故时候如此，但随天气为转移，当七周、五周亦可，当四周、三周亦可，过月者无足蚕也。[2]

收蚕：把孵化出来的蚕蚁收到蚕筐里面养。今湖州方言又叫"收蚁"。
上山：蚕上簇做茧。
初眠：蚕的第一个眠期。今湖州方言又叫"头眠"。
二眠：蚕的第二个眠期。
出火：蚕的第三个眠期，时间较短。今湖州方言又叫"三眠"。
大眠：蚕的第四个眠期，时间较长。由于蚕家忌说"四眠"而改称"大眠"。

蚕之病，一曰僵。一曰花头蚕。一曰暗脰颈蚕。一曰白肚蚕。一曰多嘴干

---

[1]　汪日桢:《湖蚕述》，中华书局，1956，第 1 页。
[2]　汪日桢:《湖蚕述》，中华书局，1956，第 4 页。

口蚕。一日青蚕。①

僵：因感染病菌而僵死的蚕，又叫僵蚕。今湖州方言骂顽童会说"细僵蚕"。

花头蚕：病蚕的一种，因感染病菌而头部发黑变色，最终无法成活。

暗胫颈蚕：病蚕的一种，因感染病菌而腹部发黑，最终无法成活。

白肚蚕：病蚕的一种，因感染病菌而腹部发白的蚕，无法做茧子。今湖州方言又叫"白肚娘"。今湖州方言骂人无用会说"白肚娘"。

多嘴干口蚕：病蚕的一种，因感染病菌而无法进食桑叶，最终无法成活。

南浔去城七十里耳，城中曰养蚕，南浔曰看蚕，其名已异。又城中蚕以筐计，叶以个计，南浔则并以斤计。②

看蚕：养蚕。今湖州方言有"养蚕""看蚕"两种说法。

2.蚕具

郑元庆《湖录》：蚕具。蚕之初生，用鹅羽以拂之，乃置于筛，乌满则用箪，箪必以纸糊其眼缝焉，两眠出，乃置于筐，或用匾。筐、匾大于箪，器之大者，可以容蚕之多也。蚕室之中，必有帘、荐以围之。帘以芦编，荐以草织之，皆所以蔽风寒也。其采桑也，有桑剪，有桑蒂，至饲小蚕而切叶也，有草墩，用以承刀，恐其声之著也。时或风雨而寒，则用火盆盛炭，炽于筐之下而暖之。蚕将作茧，则用草帚散而登蚕其上。缲丝则用丝车，水缸、锅、灶毕具。③

鹅羽：鹅毛，用来拂蚕蚁的工具。今湖州方言又叫"掸蚕鹅毛"。

筛：用来养蚕蚁，较小。

箪：蚕箪，用来养蚕蚁，底部糊纸。

筐：用来养小蚕。

---

① 汪日桢：《湖蚕述》，中华书局，1956，第5页。
② 汪日桢：《湖蚕述》，中华书局，1956，第6页。
③ 汪日桢：《湖蚕述》，中华书局，1956，第7页。

匾：蚕匾，用来养成蚕，比蚕筚大，有团匾、腰子匾两种。

帘：芦帘，由芦苇编织而成的用来放置桑叶或遮挡山棚的帘子。今湖州方言又叫"蚕帘"。

荐：棚荐，由稻草或麦秸编织成的用来放置桑叶或遮挡山棚的草荐。

桑剪：用来剪桑树枝条的剪刀。

桑蔀：用来装桑叶的篓子。

草墩：用来切桑叶的蒲墩，多由稻草编织而成。今湖州方言又叫"切叶蒲墩"。

火盆：用来给蚕房加热升温的陶盆。

草帚：用稻草扎成的，一把一把的，形似炊帚的簇具，蚕可以在上面做茧。今湖州方言又叫"帚头""湖州把"。

丝车、水缸、锅、灶：缫丝器具。

3. 载桑

桑之种不一：有蜜眼青（按：此种桑椹最美）、白皮桑、荷叶桑、鸡脚桑、扯皮桑、尖叶桑、晚青桑、火桑、山桑、红头桑（亦曰黄头桑）、槐头青、鸡窠桑、木竹青、乌桑、紫藤桑、望海桑，凡十有六种。秧长八尺者曰大种桑，蜜眼青次之（张炎贞《乌青文献》）。又有麻桑，叶有毛（高时杰《枝栖小隐》、《桑谱》）。

接过谓之家桑，未接者谓之野桑。家桑子少而大，野桑子多而小。子名葚，俗名桑果，可啖。[1]

家桑：经过嫁接的桑树。

野桑：野生的桑树。

葚：桑葚，今湖州方言叫"桑果""乌多"。

---

[1] 汪日桢:《湖蚕述》，中华书局，1956，第9—10页。

（二）《湖蚕述》卷二

1. 浴种瀹种

俗以腊月十二日为蚕生日，取清水一盂，向蚕室方采枯叶数斤，浸以浴种，去其蛾溺毒气也，或加石灰，或以盐卤。①

至寒食蒸粉饗祀灶，取蒸余暖水，采蓄苔、蛾豆等花，共投其中浴之，浴后晾干日瀹种。②

清明食螺，谓之挑青（按：蚕忌青条，多以此禳之），以壳撒屋上，谓之赶白虎（《湖录》）。招村巫禳蚕室（《西吴蚕略》）。③

浴种：农历腊月十二日，祭拜过蚕神后，蚕农将蚕种纸取下来，拂去尘埃，放置在祭祀蚕神的供桌上，再用浸泡过的枯叶对其洒扫。今湖州方言又叫"浴蚕种"。

瀹种：将浴过的蚕种于无烟通风房内晾干。

挑青：湖州地区，平时炒螺蛳前要剪去螺蛳屁股，吃时用力从螺蛳壳内把肉嗦出来。清明节的螺蛳是不能剪去屁股的，为了不破坏螺蛳壳，需要用牙签之类的物品把螺蛳肉挑出来吃，故称"挑青"。今湖州方言有"清明螺，赛过鹅"的俗语。

赶白虎：蚕农把有害蚕宝宝的病毒、虫害等称为"白虎"，并视之为"蚕祟"。清明吃完螺蛳后把螺蛳壳撒到房屋的瓦楞上，以便瓦楞上的瓦蛏躲进去做窝，这样就不会掉下来伤害蚕宝宝。今湖州方言又叫"祛白虎"。

2. 蚕禁

蚕时多禁忌，虽比户，不相往来。宋范成大诗云："采桑时节暂相逢"，盖其风俗由来久矣。官府至为罢征收，禁勾摄（《胡府志》）。按：学政考士、提督阅兵、按临湖州，并避蚕时），谓之关蚕房门。收蚕之日，即以红纸书"育蚕"

---

① 汪日桢：《湖蚕述》，中华书局，1956，第23页。
② 汪日桢：《湖蚕述》，中华书局，1956，第23页。
③ 汪日桢：《湖蚕述》，中华书局，1956，第24页。

二字，或书"蚕月知礼"四字贴于门，猝遇客至，即惧为蚕祟，晚必以酒食祷于蚕房之内，谓之掇冷饭，又谓之送客人（《吴兴蚕书》）。虽属附会，然旁人知其忌蚕，必须谨避，庶不至归咎也。[①]

关蚕房门：蚕月期间，蚕室忌生人闯入，被认为会带来蚕祟，遂在蚕室门上贴写有"育蚕"或"蚕月知礼"的纸，以防外人擅入。今湖州方言又叫"蚕禁"。

蚕祟：蚕农把有害于蚕宝宝的鬼邪、病菌、虫害等统称为"白虎"，视之为蚕祟。

掇冷饭、送客人：蚕室忌生人闯入，因为生人有可能把病菌带入蚕室。猝遇客至，蚕娘在当天晚上，便将盛饭菜的碗和一把稻草放在蒸箪里，一手拿蒸箪，一手持点燃的烟杆，急行至三岔路口，点燃草把，把饭菜倾覆在草把上，才算是送走了客人。今湖州方言叫"送客人"。

3. 头眠

结嘴停食曰眠，蜕肤饷食曰起。眠起初食曰饷。[②]

眠：蚕结嘴停食、不吃不动。今湖州方言称进入眠期的蚕为"眠头"。
起：刚蜕完皮开始吃桑叶的蚕。今湖州方言又称"起娘"。
饷：蚕刚结束眠期开始吃桑叶。今湖州方言叫"饷食"。

（三）《湖蚕述》卷三

1. 缚山棚

蚕老作茧，架棚以处之，谓之山棚。[③]

山棚：蚕宝宝将熟，蚕农在蚕室中用竹木、芦帘、草荐等架起棚，以便蚕

---

① 汪日桢：《湖蚕述》，中华书局，1956，第29页。
② 汪日桢：《湖蚕述》，中华书局，1956，第34页。
③ 汪日桢：《湖蚕述》，中华书局，1956，第47页。

上去做茧，俗称"山棚"。今湖州方言又叫"山头"。搭山棚的竹子今湖州方言叫"山棚竹"，搭山棚的木头今湖州方言叫"搭山木"。

2. 回山

山棚上采茧曰回山。

一云：三日而辟户曰亮山，五日而去藉曰除托，七日而采茧为落山（《涌幢小品》）。①

回山：蚕到山棚上做茧叫"上山"，蚕农从山棚上采茧叫"回山"，又叫"落山"。

落山：即回山。

亮山：蚕做茧后，除去遮挡山棚的芦帘之类。今湖州方言又叫"亮山头"。

3. 择茧

谚云："蚕忙不如茧忙"，言拗茧之功忙也。②

茧外散绪曰茧衣，俗谓之茧黄（董蠡舟《乐府小序》），亦作茧荒。③

有误食热叶及嘴伤，紫丝缓慢，其茧软而松者，是为绵茧；有蛆生蚕腹，茧成穿穴而出者，是为蛆钻茧（《吴兴蚕书》），亦曰香眼茧（大眠后为麻苍蝇所咬，作茧后蝇子自出，而有此眼也。蚕时苍蝇必须常拂，点线香亦避《育蚕要旨》）。有老不化蛹，毙殊茧内，秽汁浸润者，是为映头茧（《吴兴蚕书》），亦曰乌头茧（《胡府志》），又曰烂死茧（《育蚕要旨》）。有薄绪缠身，赤蛹化露者，是为凹赤茧（《吴兴蚕书》），亦曰薄茧（《育蚕要旨》）。四者皆属蚕病。④

有山火太旺，匆遽吐丝，不及周遍环绕，其茧一头穿破者，是为穿头茧；有粘帘附蒂，结成深印者，是为草凹茧（《吴兴蚕书》），亦曰棱角茧（限于地而不能舒展，故不圆《育蚕要旨》）。有蚕溺沾染，渍成黄瘢者，是为尿绪茧（《吴兴蚕书》），亦曰推出茧（《胡府志》），又曰尿晕茧（为他蚕所污《育蚕要

① 汪日桢：《湖蚕述》，中华书局，1956，第55页。
② 汪日桢：《湖蚕述》，中华书局，1956，第57页。
③ 汪日桢：《湖蚕述》，中华书局，1956，第58页。
④ 汪日桢：《湖蚕述》，中华书局，1956，第58页。

旨》）。有上山太稠，或二蚕、三蚕共成一茧者，是为同宫茧（《吴兴蚕书》），亦作同功茧（《胡府志》），又作唐公茧，声之讹也（董蠡舟《乐府小序》），四者只属茧病（《吴兴蚕书》）。①

又有黄茧、碧茧。黄者绪粗，绿者质厚（董蠡舟《乐府小序》）。碧茧又名绿松茧。②

茧有可为丝者，有不可丝而为绵者，有丝、绵均不可而成絮者。其质各殊，其用亦迥别。③

拗茧：蚕茧煮熟后浸泡在水中，用手剥开、去掉蚕蛹，拉绷成兜状的粗丝绵。今湖州方言叫"剥绵兜"。

茧衣、茧黄、茧荒：蚕茧外面的散绪。今湖州方言叫"茧衣"。

绵茧：茧软而松，无法缫丝，只能用来剥丝绵的茧。

蛆钻茧、香眼茧：有蛆生蚕腹，茧成穿越而出，以致茧上有一个小洞。

映头茧、乌头茧、烂死茧：病蚕做成的茧子，较薄，内部的蚕已经变黑腐烂。今湖州方言叫"乌头茧"。

凹赤茧、薄茧：病蚕所做的茧，茧层极薄，接近透明。今湖州方言叫"薄皮茧"。

穿头茧：由于蚕房温度过高，蚕吐丝做茧时未能完全环绕，以致未能封口的茧。

草凹茧、棱角茧：蚕茧上面有明显的柴草痕迹的茧。今湖州方言叫"柴印茧"。

尿绪茧、推出茧、尿晕茧：因沾染蚕尿，以致有明显黄斑的茧。今湖州方言叫"黄斑茧"。

同宫茧、同功茧：由两个或三个蚕做成的茧子，茧形较大，茧层较厚，无法缫丝，只能做绵茧，用来剥丝绵。

黄茧：丝绪较粗的茧。

① 汪日桢：《湖蚕述》，中华书局，1956，第 58 页。
② 汪日桢：《湖蚕述》，中华书局，1956，第 58 页。
③ 汪日桢：《湖蚕述》，中华书局，1956，第 59 页。

碧茧、绿松茧：茧层较厚的茧。

丝：蚕丝。

绵：蚕茧煮熟后收工拉制而成的绵絮，白若棉花。今湖州方言叫"丝绵"。

絮：粗丝绵。

4. 剥蛹

茧质过厚且粗，缫时浮沉水面，不得尽其绪，曰软茧，留以作绵，取蛹弃之，或以油煎食之，曰爝蚕女（董蠡舟《乐府小序》）。[①]

软茧：即绵茧。

爝蚕女：油煎蚕蛹。

（四）《湖蚕述》卷四

1. 作绵

绵之上者，同功茧所作，谓之纯绵，推出次之，蛾口又次之（茧已出蛾者。按：俗称红口茧），乌头、软茧为下，俗称作绵曰剥绵兜（董蠡舟《乐府小序》）。手绵剥在手上，环绵则有竹环（《育蚕要旨》）。须于晴日，遇阴雨则绵不速干而缕脆（《胡府志》）。[②]

纯绵：由同宫茧制作而成的绵。今湖州方言叫"丝绵"。

剥绵兜：即拗茧。

手绵：用手剥出来的粗丝绵。

环绵：两人合作，在绵环上拉出来的比较松软的细丝绵。

2. 生蛾

凡茧之尖细、紧小者雄，圆厚慢大者雌，采时对半兼收，拗尽茧荒，置于

---

① 汪日桢：《湖蚕述》，中华书局，1956，第68页。
② 汪日桢：《湖蚕述》，中华书局，1956，第69页。

通风凉房内净筐中，一一单排，不宜重叠堆积，致伤蒸郁（《吴兴蚕书》）。勿摇动，摇动则受惊，蛾不能生子，俗谓之痴蛾。[1]

蛾之出茧，天明即止，日初升即提集雌雄各蛾，使之同时配偶，谓之放对。[2]

蛾：蚕蛾。今湖州方言又叫"蛾子"。

雄蛾：雄蚕蛾。

雌蛾：雌蚕蛾。今湖州方言叫"母蛾"。

痴蛾：不能产卵的蚕蛾。

放对：使雌雄蚕蛾交配的行为。

用桑皮纸每方广尺许为一幅，引蛾布种其上，乡人谓之蚕种纸（《胡府志》。按：用布者曰种布，亦曰种连）。[3]

不交而生者为淡子，蛾若雌多于雄，无与为偶，至晚即生淡子矣，淡子色不变，久之自瘪，不能成蚕（《吴兴蚕书》）。[4]

生子后取蛾之有气力者再配之，则复生矣，是为新定子。[5]

布种：蚕蛾产卵的行为。

蚕种纸：布种所用的纸。

种布：布种所用的布。

淡子：雌蛾没有经过交配而产的卵。

新定子：雌蛾交配产卵后，再次交配而产的卵。

3. 望蚕信

缫丝时，戚、党咸以豚、蹄、鱼、鳝，果实、饼饵相馈遗，谓之望蚕信（董

---

[1] 汪日桢：《湖蚕述》，中华书局，1956，第74页。
[2] 汪日桢：《湖蚕述》，中华书局，1956，第75页。
[3] 汪日桢：《湖蚕述》，中华书局，1956，第75页。
[4] 汪日桢：《湖蚕述》，中华书局，1956，第76页。
[5] 汪日桢：《湖蚕述》，中华书局，1956，第76页。

蠡舟《乐府小序》)。有不至者，以为失礼，盖无特蚕时禁忌，久绝往来，亦以蚕事为生计所关，故重之也（《遣闲琐记》。按：此风东乡最重之)。①

望蚕信：蚕上山做茧后，亲朋携带礼物来探望"山头"，有慰问祝颂的意思。所送礼品中必有枇杷，湖州有童谣"枇杷，枇杷，隔冬开花；要吃枇杷，来年蚕罢。"今湖州方言又叫"望山头""望蚕花"。

4. 纺织

《南浔镇志》："络丝有篗子，有络车，有碌碡，辟丝有辟车、有纬管，合丝作经有经车"。②

络丝：缠绕丝线。

辟丝：纬纱，织丝绸时由梭带动的横纱。

纬：织物上横向的纱或线。

经：织物上纵向的纱或线。

篗子、络车、碌碡：绕丝的器具，用竹子或木条构成。

辟车、纬管：纬纱的器具。

经车：经丝的器具。

《双林镇志》："包头绢妇女用作首饰，故名，唯本镇及近村乡人为之，通行天下"。③

绢：质地薄而坚韧的丝织品。

包头绢：女子用作头饰的长方形的绢。

《大清一统志》："湖州府土产绸"。《旧志》"出菱湖者佳"。《吴兴志》"《旧

① 汪日桢：《湖蚕述》，中华书局，1956，第78页。
② 汪日桢：《湖蚕述》，中华书局，1956，第80页。
③ 汪日桢：《湖蚕述》，中华书局，1956，第82页。

志》土产花绸、唐贡绸，今夏税纳产绸四千余匹"。①

绸：绸子，薄而软的丝织品。
花绸：绸子的一种。
唐贡绸：用来纳贡的上乘绸子。

《大清一统志》："湖州府土产绫"。《明统志》："各县皆出"。
《双林镇志》："散丝所织，有花有素，有帽顶绫、裱绫，装璜书画，造作人物所用，以东庄倪氏所织为佳，名倪绫。奏本面上有二龙，唯倪姓所织，龙睛突起而光亮，其法传媳不传女，近无子因传女，女嫁倪家滩王姓，而倪绫之名不改"。
《湖录》："双林又有包头绫"。②

绫：绫子，像缎子而比缎子薄的丝织品。
倪绫：相传为东林镇东庄倪氏所织的绫，质量上乘。
包头绫：女子用作头饰的绫，类似今天的头巾。

《大清一统志》："湖州府又出各色纱，双林出包头纱（按：一统志）不载绸纱，盖统于纱也)。《吴兴志》："纱"。《续图经》载："今梅溪、安吉纱有名"。《劳府志》："纱有数等，出郡城内"。《双林镇志》："素曰直纱，花曰软纱、葵纱、巧纱、灯纱、夹织纱，最轻而利暑曰冰纱，每匹重不过一、二两，花、素皆备，吾镇所造，他处不及。③

纱：经纬线稀疏的丝织品。
包头纱：女子用作头饰的纱，类似今天的头巾。
直纱：较为素净的纱。

---

① 汪日桢：《湖蚕述》，中华书局，1956，第 82 页。
② 汪日桢：《湖蚕述》，中华书局，1956，第 83 页。
③ 汪日桢：《湖蚕述》，中华书局，1956，第 83 页。

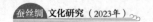

软纱、葵纱、巧纱、灯纱、夹织纱：有花色点缀的纱。

冰纱：质地轻盈，利于防暑降温的纱。

董斯张《吴兴备志》："宋太平兴国六年（981年）罢湖州织罗，放女工"。罗愫《乌程县志》："有素罗，起花者为绮罗，又有帽罗"。《归安何志》："有帐罗"。《新纂府志稿》："今织罗者较少"。[①]

罗：质地稀疏的丝织品。

素罗：较为素净的罗。

绮罗：有花色点缀的罗。

帽罗：用于制作帽子的罗。

帐罗：用于制作帐子的罗。

唐枢《归安县志》："有狞丝"。《新纂府志稿》："行丝俗名段，因造缎字。制冠履曰帽缎，今织者尤少"。[②]

缎：缎子，质地较厚、一面平滑有光彩的丝织品。

帽缎：用于制作帽子的缎。

5. 赛神

俗呼蚕神曰蚕姑。其占为一姑把蚕则叶贱，二姑把蚕则叶贵，三姑把蚕则倏贵倏贱（按：俗以寅、申、巳、亥年一姑把蚕，子、午、卯、酉年二姑，辰、戌、丑、未年三姑），而《吴兴掌故集》引《蜀郡图经》曰；九宫仙嫔者，盖本之《列仙通记》所称马头娘。今佛寺中亦有塑像，妇饰而乘马，称马鸣（周密《癸辛杂识》作"名"）王菩萨，乡人多祀之（《胡府志》）。下蚕后，室中即奉马头娘，遇眠，以粉茧、香花供奉，蚕毕送之，出火后始祭神，大眠、上山、回山、缫丝皆祭之，神称"蚕花五圣"（《西吴蚕略》），谓之拜蚕花利市（董蠡舟《乐

---

① 汪日桢：《湖蚕述》，中华书局，1956，第84页。
② 汪日桢：《湖蚕述》，中华书局，1956，第84页。

府小序》)。

湖俗佞神，不指神之所属，但事祈祷；不知享祀之道，借以根本，非所以祈福免祸也。或曰蚕月人力辛勤，正须劳以酒食，屡祠神以享馂余，是亦一道也 (《吴兴蚕书》)。[1]

蚕姑：蚕农称蚕神为蚕姑。今湖州方言中有"蚕花娘娘""蚕丝三姑"等蚕神。

蚕丝三姑：蚕农信奉的蚕神，三位女子同骑一匹马，简称三姑。民间认为大姑把蚕则蚕事不利，二姑把蚕则蚕事大吉，三姑把蚕则蚕事倏好倏坏。

马头娘：蚕农信奉的蚕神，因其身披马皮，故称马头娘。今湖州方言又叫"蚕花娘娘"。

拜蚕花利市：蚕农在端午节置酒馔拜谢蚕神。今湖州方言又叫"谢蚕花""谢蚕神"。

三、湖州蚕桑的历史语言遗存

1368 年至 1937 年，太湖地区尤其是湖州府一带的蚕业生产技术一直代表着中国蚕桑生产的最高水平，甚至在清中叶之前相当时间内代表着世界的最高水平[2]。据史料记载，"湖州地区在明、清之际，几无不桑之户、不蚕之家，咫尺之地必植桑、养蚕"[3]。新中国成立后，湖州的蚕桑业得到继承和发展，直到 20 世纪 90 年代以前，蚕桑业都是湖州地区经济发展的重要基础。"浙江湖州桑基鱼塘系统"被联合国粮农组织认定为全球重要农业文化遗产，"中国传统蚕桑丝织技艺"被列入联合国教科文组织人类非物质文化遗产代表作名录。

然而，今天的湖州，真正种桑养蚕、从事蚕桑业的人并不多，传统的蚕桑文化成为"正在消失的文明"。成书于 1874 年的《湖蚕述》，系作者"集前人蚕桑之书数种，合而编之"[4] 而成，书中引用农蚕类文献 17 种，地理方志类文

---

[1] 汪日桢：《湖蚕述》，中华书局，1956，第 85-86 页。
[2] 范虹珏：《太湖地区的蚕业生产技术发展研究（1368-1937）》，博士学位论文，南京农业大学，2012。
[3] 蒋猷龙：《湖蚕述注释·注释序》，农业出版社，1987，第 1 页。
[4] 汪日桢：《湖蚕述》，中华书局，1956，第 1 页。

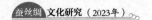

献 20 种，笔记等其他文献 40 种，共 77 种。且作者"志在且实用，不在侈典博也"[1]，是江南蚕桑生产技术的集大成之作，记录保存了珍贵的江南蚕乡的社会生活史料。我们能够从中了解到明清时期的湖州蚕桑文化，看到 150 年前湖州蚕桑的历史语言遗存。

（作者单位：湖州师范学院）

---

① 汪日桢：《湖蚕述》，中华书局，1956，第 1 页。

问题与策略：基于文创视域的含山轧蚕花研究

张剑　应烨

含山轧蚕花为国家级非物质文化遗产，有不少传说典故。如乾隆年间，沈焯的《清明游含山》中就描述了清明期间祭蚕神的盛况："吾乡清明俨成案，士女竞游山塘畔。谁家好儿学哨船，旌旗忽闪恣轻快。"雍正《浙江通志》记载："清明居民各棹彩舟于溪上为竞渡……田蚕始于寒食至清明日而止"①。同治《湖州府志》也记载了当地清明期间类似的蚕事风俗。当地人费三多先生的《蚕乡山海经》对含山清明轧蚕花遗俗作了详细的诠释。

一、学界对含山轧蚕花习俗的研究

截至 2022 年 12 月，在知网等学术数据库查找到的相关文献，主要涉及三个方面：

其一，实地调研轧蚕花活动并探究蚕事期间的民俗内容。如李立新的《蚕月祭典——湖州含山蚕花节考察记行》②，对轧蚕花的庙会及整个含山地区的蚕事风俗禁忌做了详细的田野调查，并对蚕女故事的四种演绎，即蚕桑、蚕女、蚕马、蚕花四种组合关系做了较为翔实的分析。王芝洁的《桑蚕文化与民俗体育传承——以湖州蚕花节为例》③，由含山扩大到整个湖州市，对轧蚕花习俗中

---

① 李卫等修，傅王露等撰：雍正《浙江通志》卷九十九，清文渊阁四库全书本，第 8126 页。
② 李立新：《蚕月祭典——湖州含山蚕花节考察记行》，《艺术百家》2010 年第 1 期。
③ 王芝洁：《桑蚕文化与民俗体育传承——以湖州蚕花节为例》，《运动精品》2019 年 8 期。

极具价值的民俗体育活动进行了整理和挖掘。张吉林的《湖州蚕文化》①，考察分析了清明时节湖州的蚕事习俗及蚕时禁忌。褚红斌、陈亚琴等学者的《含山轧蚕花》②、徐勇的《祈求兴旺的图腾——含山蚕花节侧记》③，各自从多层面多角度，阐发或考察了湖州轧蚕花的节俗活动。

其二，对湖州含山地区轧蚕花习俗中的蚕神信仰之考略。余连祥的《杭嘉湖地区的蚕神崇拜》④，对杭嘉湖地区一年中不同时节蚕事的习风遗俗以及相关蚕神进行考察诠释。黄超的《"山上"与"山下"的神俗分别——以湖州蚕神为中心的民间信仰研究》⑤，将含山划分为"山上"和"山下"，考察了两个空间所传达出不同的祭祀蚕神和民间狂欢功能，进而分析含山社会空间之建构和该地蚕神信仰的关系。胡明的《湖州蚕神信仰小考》⑥，考察了流行于湖州的三位蚕神，即嫘祖、马头娘与马鸣王、蚕花五圣的称谓来源及具体的蚕神形象；考析指出嫘祖为国家信仰之蚕神，是官方祭祀对象，而民间则热衷于祭祀马头娘和蚕花五圣。李斯颖的《蚕花节叙事及其百越文化底层探究——以湖州含山为例》⑦，通过对湖州地区蚕花节习俗与百越民族善织的特点，通过对蚕花节"白马化蚕"及"蚕花娘娘三上含山"的神话故事，与壮、黎、瑶等民族的盘瓠神话做了横向对比，找出千丝万缕的关系，推导出蚕马文化很可能是盘瓠神话的原型。李玉洁的《古代蚕神及祭祀考》⑧、李雪艳的《"蚕健丝长"的利益追求——论中国桑蚕选育、制丝与多元民俗信仰体系共建的桑蚕文化》⑨、吴惠芬的《"神"采依旧：当今杭嘉湖地区蚕神崇拜扫描》⑩，都考析了湖州基于轧蚕花习俗的蚕神崇拜。

① 张吉林：《湖州蚕文化》，《东南文化》1997年第2期。
② 褚红斌、陈亚琴、杨燕：《含山轧蚕花》，《今日浙江》2013年第10期。
③ 徐勇：《祈求兴旺的图腾——含山蚕花节侧记》，《寻根》2016年第5期。
④ 余连祥：《杭嘉湖地区的蚕神崇拜》，《湖州师专学报》1993年第3期。
⑤ 黄超：《"山上"与"山下"的神俗分别》，华东师范大学硕士学位论文，2013年。
⑥ 胡明：《湖州蚕神信仰小考》，《兰台世界》2013年第19期。
⑦ 李斯颖：《蚕花节叙事及其百越文化底层探究——以湖州含山为例》，《贺州学院学报》2018年第2期。
⑧ 李玉洁：《古代蚕神及祭祀考》，《农业考古》2015年第3期。
⑨ 李雪艳：《"蚕健丝长"的利益追求——论中国桑蚕选育、制丝与多元民俗信仰体系共建的桑蚕文化》，《南京艺术学院学报（美术与设计）》2015年第3期。
⑩ 吴惠芬：《"神"采依旧当今杭嘉湖地区蚕神崇拜扫描》，《社会》2003年第6期。

其三，研究轧蚕花及其民俗发展的成因及其功能的转变。史一丰的《民俗学视野下湖州含山蚕花庙会的功能探微》[①]等文献都涉及自古至今轧蚕花的节日流程和风俗习惯的演化。殷飞飞的《蚕桑文化的传承与变迁——从浙江湖州含山蚕花庙会到含山蚕花节》[②]，对含山轧蚕花发展脉络做了梳理，而打造成"含山蚕花节"则是政府力量的介入、市场的干预及蚕农态度的转变所致。

综上所述，学界对于轧蚕花文化相关研究已取得一定的研究成果，但仍有可探讨的空间：一是学界主要集中在含山轧蚕花基础理论研究层面上，其他层面的分析较少。二是学界主要集中在对含山轧蚕花活动的梳理，对保护、开发与利用的研究相对不足，尤其缺少通过文创介入含山轧蚕花的可行性分析。有鉴于此，笔者以田野调查为主要研究方式，在调研含山轧蚕花现状的基础上，从文创视角出发，提出相应解决思路和策略，敬请大方指正。

二、含山轧蚕花的历史及现状

含山轧蚕花历史悠久，始于唐代乾符二年，在清代达到鼎盛。抗战及"文革"时期一度中断，"文革"后恢复，并发展为"含山蚕花节"，延续至今。

含山轧蚕花清明节当天开始，延续三天，以第一天祭祀蚕花娘娘最热闹。湖州地区所信奉的蚕神为马鸣王菩萨，又叫马头娘，民间俗称蚕花娘娘（见图1）。马头娘的传说早在《山海经》和《搜神记》中就有记载。资料显示，宋高宗赵构册封马鸣为"马鸣大夫"，命各地修建庙宇祭祀。湖州地区的蚕民将马鸣王菩萨和马头娘合二为一，将民间蚕神正统化，供奉庙堂，祈求蚕花大熟。

含山轧蚕花有固定的传统活动，主要分为陆上和水上庆典活动。

1.背蚕种包：清明节当天，蚕妇们在太阳出来前，背上今年放入头蚕种的红布蚕种包，到山顶的蚕花殿上香，拜见蚕花娘娘。相传蚕花娘娘会在清明节前后扮作村姑，踏遍含山，留下蚕花喜气，所以蚕农们也会在山上绕行一周，

---

① 史一丰：《民俗学视野下湖州含山蚕花庙会的功能探微》，《赤峰学院学报（汉文哲学社会科学版）》2015年第12期。
② 殷飞飞：《蚕桑文化的传承与变迁》，赣南师范学院硕士学位论文，2011年。

希望能沾染蚕花喜气，保佑当年都能够蚕花廿四分①。

2. 买蚕花：石淙蚕花（见图2）也是浙江省非物质文化遗产。节日期间，蚕农们会购买彩色蚕花。妇女们会把蚕花簪戴在头上或者衣服上，回家后将其和剪纸剪成的蚕猫一同置于养蚕的用具上，或者将之供奉于家中的蚕神神龛上，也有在甘蔗上插五六枝蚕花，意为"节节高，蚕养好"。蚕花是用皱纸、绢或绸缎做成的彩花，先剪成花瓣的形状，接着加入金色的彩纸做出花蕊，再依次由内至外将之前剪好的花瓣一层层做出花瓣状，最后用绵丝线扎紧。

图1　蚕花娘娘塑像

图2　石淙蚕花

3. "拜蚕花童子忏"：清明节当天，30多名10岁左右的"拜香童子"，身着统一的服装，两人一排，每人拿着带有忏文经折的小板凳，三步一跪，五步一唱，唱着"蚕花忏"一路到含山。这一习俗在新中国成立初期已经消亡。

4. 抬蚕神菩萨出会和拜香船：当天的主要活动以祭祀蚕神的圣典为主，分为水陆两种形式，分别称为水抬阁和旱抬阁。旱抬阁即抬蚕神菩萨出会，以村庄为单位，多人抬着土主菩萨、总管菩萨等塑像，一路敲锣打鼓到含山塔（见

---

① 蚕的一生要蜕四次皮，每蜕一次，叫作一眠，经过头眠、二眠、出火、大眠之后，便要上簇作茧。每到大眠时，蚕农要把眠蚕过秤记数，待到采了茧子再次过秤，进行比算。以六斤大眠蚕为一筐或一箔，采一斤茧子就叫一分蚕花，采八斤茧子就是八分蚕花，若能采到十分以上，就已经是相当好的收成了。所以"蚕花廿四分"是祝愿蚕花加倍丰收。

图3）。众人抬着猪头、圆子、馒头等贡品，绕含山塔一周后下山。水抬阁即拜香船，由两只船拼合而成的彩船，挂着布帐，中间搭上戏台，台上表演各种传统戏曲。水抬阁和旱抬阁在山下汇合，上山朝拜蚕花娘娘。因为京杭大运河船只繁忙，现在的庙会活动已经将拜香船取消了。

图3 含山塔

5. 打船拳：含山地区的拳船上主要表演的是练市船拳。用两条船捆扎合并在一起，中间是个四米见方的表演台，船头搭成彩楼，船两边设有各种兵器，后插旗帜，表演者随着锣鼓的演奏，在船上表演多种拳术：舞板凳、双刀、燕青拳、双刀进枪等。旧时练市河网密集，为了保护家园不被湖匪侵犯，发展成了防卫又具有表演性的船拳。练市船拳在2009年被列入浙江省级非物质文化遗产名录。

6. 标杆船：又称高杆船技。其表演极具惊险性，是轧蚕花中最为吸引人的项目。在两条拼合的农船上，架起一根之前用炭火熏过、具有柔韧性的大毛竹。表演者爬至毛竹顶端表演各种惊险动作：反张飞、勾脚面、躺丝等18式动作。整套动作模仿蚕宝宝吐丝作茧，表达了蚕农们祈求丰收的愿望。高杆船技在2011年被列入国家级非物质文化遗产名录。

7. 踏白船：踏白船是轧蚕花中竞渡类的活动，由几十艘农船改装，并配12支桨和两支橹。执掌大橹的是村中有辈分的长者，为橹扯绑者是年轻的美女，划桨者由精壮的小伙子担任。踏白船赛的是速度，岸上观众也会摇旗呐喊，水上岸上彼此呼应。踏白船也被列入浙江省第三批非物质文化遗产名录。

清明期间，含山人吃由茧圆、粽子和芽麦塌饼组成的"蚕花饭"，还有"挑青"习俗。据说，有一种叫青娘的蚕祟藏在螺蛳中，蚕农们通过吃螺蛳祛蚕祟，从而保佑蚕事顺利。

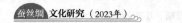

如今，传统的含山轧蚕花习俗已被当地政府发展为含山蚕花节。蚕花节的仪式渐趋简单，仅为清明节当天的祭祀蚕神活动。与此同时，含山蚕花节新增了许多项目，如评蚕花娘娘、背蚕花娘娘比赛、抬蚕花娘娘轿子、划菱桶等活动。

三、含山轧蚕花文创产品调研分析

笔者通过采访含山蚕花节主办方善琏镇政府及周围村民，对轧蚕花线路进行田野考察，并将相关文创产品进行归纳整理，发现真正意义上的轧蚕花文创应用类的产品较少，主要分为三类：传统技艺展示、传统非遗项目展示、蚕花美食。

1. 传统技艺展示类

轧蚕花中传统技艺展示主要为敲绵兜、拉丝绵等工艺的现场展示以及"打蚕龙"等现场蚕事才艺展示。此类展示有较好的观赏性，且能对游客科普蚕事技艺。

2. 传统非遗项目展示类

传统非遗项目主要是将南浔地区有代表性的非遗项目聚集展示，如制作蚕花、扫蚕花地、制作湖笔、缫制辑里湖丝、千金剪纸、船拳表演等项目。此类展示能让游客现场观赏到地方传统非遗项目表演。通过非遗传承人的精彩展示，让游客领略相关非遗项目的魅力。

3. 蚕花美食类

主办方把当地的蚕花美食汇聚在含山蚕花节的节日现场，主要有流行于清明时节含山地区特色的蚕花包及蚕花饼、茧圆、芽麦塌饼、蚕花茶（熏豆茶）等。

如果只是停留在保留含山轧蚕花的民俗形式上，没有赋予其新时代的文化内容，含山蚕花节的影响力将会越来越小。

第一，欠缺主题文创，欠缺品牌和系列化意识。内容的导向性和文化传播性是主题文创产品具有的独特属性①。对轧蚕花主题进行内容和元素的整合，使其特有的文化底蕴与文创载体深度融合，开发出一系列地域性主题文创产品，从而实现对含山轧蚕花活动的创造性转化。

第二，缺乏产品附加值和实用性。现有的轧蚕花文创产品形式单纯停留于技艺展示及科普方面，并没有用新的载体去赋能。这些产品尽管文化价值很高，但观赏性远高于实用性，难以激起消费者的购买欲望。

第三，缺乏时代创新精神。文创的形式需要适应时代发展潮流。目前含山轧蚕花相关的文创产品，形式过于传统，无论是产品的创新还是包装等方面均不能适应市场。挖掘其文化内涵，与当代新的技术相结合，用新的文创产品赋予轧蚕花新的含义，引导消费者更好地了解轧蚕花的文化内涵，调动起人们对于轧蚕花的记忆与情感认同。

为了提升含山轧蚕花主题文创的消费者感受度，增强消费者对文创产品的文化认同感，提升消费者的体验，笔者提出以下策略：

第一，以文创+IP的手法创新表达轧蚕花传统主题。非物质文化遗产是我们国家宝贵的艺术瑰宝，非遗类民俗更是其中宝贵的分支。非遗节俗随着时代的发展，历久弥新，蕴含着古人对天地人的理解，是对美好生活的向往和追求。其发展是在长期的传承中，逐渐成为一种人们共同认可和遵守、具有乡村秩序和民间约定性质的规范②。随着当下生产方式和经济结构的调整，传统民俗的文化空间逐渐蜕变，迫切需要对其进行良性的传承和保护。近几年文旅融合带给文创+IP复兴传统非遗主题以更多的可行性。对含山轧蚕花进行良性的传承，是在保护其文化，符合其地域特色的前提下，让其紧扣时代的发展和消费者需求，把握好传承性和创新性，创作出新的文化表现方式，给消费者带来特殊的文化记忆，让其更有文化的认同感。

第二，以兼具实用和审美的线上+线下多样式载体表达轧蚕花主题。这些文化载体在历史上兼具实用性和审美娱乐性功能，但是随着原有习俗的改变，

---

① 刘小路、吴白云：《基于感质理论的主题性文创产品设计策略与应用实践》，《包装工程》2021年第8期。

② 张犇、樊天波：《"气氛"与"在场"——非遗保护背景下少数民族民俗文化模式的构建要素》，《艺术评论》2021年第10期。

其承载的重任也慢慢从实用性转换为人们对于过去的一种文化记忆。开发出深受消费者喜爱的创新性文创产品，只要内核仍是传统含山轧蚕花习俗的文化记忆，就是对传统习俗的良性传承和保护。在主题文创设计阶段，从含山轧蚕花传统民俗文化中寻找艺术灵感，再包装成消费者喜爱的形式，即追求含山轧蚕花地域文化与现代消费的高度契合。消费者对文创设计产品的喜好程度不再局限于一些文具、日历、手提袋等载体层面上，更多类别的文创产品载体的需求选择性也在增加；载体的多元性，不仅可以更适应消费偏好，而且可以对文创市场的资源进行整合，形成良性循环[1]。好的文创设计产品，通过提升产品的趣味性，使消费者在使用时完成一次文化内涵的有效传播。

第三，创设具有地域文化特性的轧蚕花形象及系列产品。非遗节俗类的文创设计产品在一定程度上也是旅游性的文创产品。其主要的特点是产品和目的地之间的联系，这也意味着无论是怎样的形式和载体呈现的文创产品，沟通着消费者的都是文创所呈现的地域特色文化内涵，而文创设计产品应该是本土文化特色和文化价值的承载物。独具特色的地域性文化才是识别不同文创产品最为重要的条件。品牌是产品的灵魂，会强化与消费者的粘连度及消费者对产品的忠诚度。目前含山轧蚕花的品牌化建立还处于摸索阶段，急需马上树立品牌形象，给予消费者以完整的识别系统。打造品牌，让地域文化特色赋予品牌能量，让消费者打破现阶段含山轧蚕花的刻板印象，赋予新的文化辨识度，强化品牌溢价性能，提升含山轧蚕花的文化价值。系列化是文创产品开发的主要形式之一。文创投放市场之后，往往会根据市场反应或市场热点等因素，可以周期性地推出相同主题的系列化延伸产品，其特点是在保持文化主体及精神内核的前提下，主题随着热点及市场反馈等因素而不断迭代优化。系列化的文创产品开发方式会提高品牌 IP 的持续不断的热度和知名度，得到更多消费者的关注和认可。不同主题文创产品也从多个方面、多个角度巩固了品牌文化的内涵和品牌价值，从而获得更大的经济效益和文化价值。

第四，以"多感＋互动"的数字技术演绎含山轧蚕花主题。数字技术日新月异，能更好地满足消费者对于文创形式的多元化需求。多感官化、互动性、

---

① 应烨：《设计伦理视域下蚕桑文创产品在文创设计中的伦理考量》，《文化产业》2022 年第 25 期。

沉浸式等等各种创新的形式也走进了许多博物馆等场所。含山轧蚕花是地域性非遗类民俗活动，群众参与性较高。提升游客的体验感，采用多种文化创意的形式，使游客全方位认识轧蚕花的丰富内涵，实现文化与旅客之间的直接和有效沟通，更有助于展示民俗事项的多样性。含山轧蚕花为主题的文创设计，应该强化群众的"在场体验性""气氛性"。这两大要素是形成优质"文化场域"的关键①。动态的画面和声音的辅助更容易让人达到"视听一体的沉浸感"，有助于提升在场群众的体验感。轧蚕花主题的文创设计，也要追求这种体验感。可以将静态的文创以动态的形式展现，或者以串联活动为目的，让游客更好地了解轧蚕花的主要核心内容和步骤；以视频和特色音乐结合的方式，让游客能更好地了解到轧蚕花进行到了哪一步，下一步的内涵是什么等等，让游客更有参与感及沉浸感。互动性的方式是以消费者的参与为中心，建立起消费者和文创产品的互动关系。当下消费者不再局限于审美性与功能性，更喜爱与产品有良性的交流、互动。激发起消费者的体验感和对事物的认知度，能更好地让消费者感受到文化的深层内涵。另外，文创的"二次设计"也可以让游客从设计的接受者转换为创作者的角色。这种活动不仅能让消费者加深对轧蚕花文创的印象，而且有一种精神上的满足。例如蚕艺文创——喜事连连材料包体验套装，以彩色蚕茧为手工DIY的文创产品，结合讨口彩"柿柿如意"为主要内容，通过引导消费者亲身体验手工制作，现场做成互动体验的文创产品。消费者在这一过程中，对彩色蚕茧文创建立起一个深刻的印象。

（作者单位：湖州师范学院）

---

① 张犇、樊天波：《"气氛"与"在场"——非遗保护背景下少数民族民俗文化模式的构建要素》，《艺术评论》2021年第10期。

弃蚕鬻桑型传说浅析

曹建南

　　在我国蚕桑业发达的地区，有一类叙述当桑叶价格高腾时因灭蚕售桑而惨遭报应的传说，我们一般称之为"弃蚕鬻桑型传说"。弃蚕鬻桑型传说的形成和流传，折射了我国蚕桑业发展变化的历史轨迹，反映了农家的蚕桑经营体制和民俗信仰，是蚕桑文化研究的一个重要课题。

一

　　弃蚕鬻桑型传说流传的地区反映了我国蚕桑业发展的历史轨迹。在宋代以前，我国蚕桑业中心在北方地区，因此，我们现在所知道的最早的弃蚕鬻桑型传说是河南新乡王公直的故事。唐代皇甫枚《三水小牍》卷上《埋蚕受祸》条：

　　唐咸通庚寅岁，洛师大饥，谷价腾贵，民有殍于沟塍者。至蚕月而桑多为虫食，叶一斤直一镮。新安县慈涧店北村民王公直者，有桑数十株，特茂盛阴翳。公直与其妻谋曰："歉俭若此，家无现粮，徒极力于此蚕，尚未知其得失。以我计者，莫若弃蚕，乘贵货叶，可获钱千万。蓄一月之粮，则接麦矣。岂不胜为馁死乎？"妻曰："善。"乃携锸坎地，养蚕数箔，瘗焉。明日凌晨，荷桑叶诣都市鬻之，得三千文。市彘肩及饼饵以归。至徽安门，门吏见囊中殷血，连洒于地，遂止诘之。公直曰："适卖叶得钱，市彘肩及饼饵贮囊，无他物也。"请吏搜索之。既发囊，唯有人左臂，若新支解焉。群吏乃反接送于居守。居守命付河南府尹正琅琊王公凝，令纲纪鞠之。具款云："某瘗蚕卖桑叶，市肉以归，实不杀人，特请检验。"尹判差所由监，令就村验埋蚕处。所由领公直至村，先集邻保责手状，皆称实知王公直埋蚕，别无劣迹。乃与村众及公直同发蚕。坑中有箔角，一死人而阙其左臂。取得臂附之，宛然符合。遂复领公直诣府白尹。尹曰："王公直虽无杀人之辜，且有坑蚕之咎，法或可恕，情在难容。蚕者，天地灵虫，绵帛之本，故加剿绝，与杀人不殊。当置严刑，以绝凶丑。"遂命于市杖杀之。使验死者，则复为腐蚕矣。①

咸通为唐懿宗、僖宗年号，庚寅年当为公元 870 年。王公直埋蚕受祸的传说把时间设定为咸通庚寅，地点为河南洛阳地区的新安慈涧，反映了晚唐时期，虽然经济中心逐渐南移，江南蚕桑业逐渐形成与北方抗衡之势，但地处中原的洛阳地区仍不失为重要的蚕区。因为桑叶的买卖如果没有相当的蚕业规模是不可能形成交易市场的。引文中"荷叶诣都市鬻之"的表述，为我们提供了唐代洛阳地区的桑叶买卖，不限于蚕农之间的个别交易，已形成专门市场的信息。

四川自古蚕桑兴旺，至宋代蚕桑活动更是活跃。三月三成都蚕市反映了宋代四川蚕桑活动的盛况。因此，北宋的弃蚕鬻桑型传说流传于四川成都地区。黄休复《茅亭客话》卷九《蚕馒头》记录了这么一个传说：

新繁县李氏，失其名。家养蚕甚多，将成，值桑大贵，遂不终饲而埋之。鬻其桑叶，大获其利。将买肉面，归家造馒头食之。擘开，每颗中有一蚕。自此灾疠俱兴，人口沦丧。夫蚕者灵虫，衣被天下，愚氓坑蚕获利，有此征报尔。②

南宋时代，长江中下游地区的蚕业生产超过了黄河流域和巴蜀地区，因此，南宋的弃蚕鬻桑型传说以江南西路为多。洪迈《夷坚志》丁志卷六《张翁杀蚕》说的是信州（今江西上饶）乡民杀蚕卖叶，最后落得"一家无遗"的悲惨下场。摘引如下：

---

① 皇甫枚：《三水小牍》，乾隆五十七年刊本。
② 黄休复：《茅亭客话》，收于《琳琅阁秘室丛书》（第二集第八册），咸丰三年刊本。

乾道八年，信州桑叶骤贵，斤值百钱。沙溪民张六翁有叶千斤，育蚕再眠。忽起牟利之意。告其妻与子妇曰："吾家见叶以饲蚕，尚欠其半。若如今价，安得百千以买。脱或不熟，为将奈何？今宜悉举箔投于江而采叶出售，不唯百千钱可立得，且径快省事。"翁素伉暴，妻不敢违。阴与妇谋，恐一旦杀蚕，明年难得种。乃留两箕藏妇床下。是夕，适有窃桑者，翁忿怒，半夜持矛往伺之。正见一人立树间仰楮，以矛洞其腹，立坠地死。归语家人曰："已刺杀一贼矣。彼夜入为盗，虽杀之无罪。"妻矍然疑必其子，趋视之，果也。即解裙自经于树。翁讶妻久不还，又往视，复自经死。独余妇一身，烛火寻其夫，乃见三尸。大呼告其邻里，里正至，将执妇送官。妇急脱走，至桑林，亦缢死。一家无遗。元未得一钱用也，天报速哉。①

南宋时代，江西蚕业渐盛，桑叶价格严重影响育蚕经营，《夷坚志》支志景卷七《南昌胡氏蚕》说，淳熙十四年（1187），豫章地区桑叶腾贵，南昌县忠孝乡民胡二虽"桑柘有余，足以供喂养"，但胡二"志于鬻叶，以规厚利"，便与其子挖坑窖蚕，拟次日"采叶入市"。但当晚三更后，听得床壁有声，举火照看，原来是蚕。用扫帚来扫，却随扫随现，没完没了。忙到第二天黄昏才算平静。胡二不思改悔，"但恨失一日摘鬻之利"。晚上，胡二家中出现无数蜈蚣，咬得胡二父子"宛转痛楚"，苦不堪言。数日，胡二死，蜈蚣匿迹，"而外间人家蚕已作茧，胡桑叶盈围，不得一钱也。"②

《夷坚志》甲志卷五《江阴民》说的是长江两岸的故事。江阴村民某因"桑叶价翔涌"而与妻、子合谋弃蚕鬻桑。"乃以汤沃蚕，蚕尽死，瘗诸桑下。"划船去如皋售叶途中，有鲤鱼跃入舟中，到达彼岸时，鲤鱼变为其子的尸体。至江阴其家发瘗蚕之处，则其妻之尸已腐烂其中。某百口莫辩，死于狱中。③

南宋以后，蚕业中心继续南移，弃蚕鬻桑型传说集中流传于浙江杭嘉湖地区。像《江阴民》所说的那样，棹舟售叶，鱼化为尸而获罪的情节更符合江南水乡的风土人情，更易为人接受。例如，成书于明正德十六年（1521）的陈洪谟

---

① 洪迈：《夷坚志》，中华书局，2006，第590页。
② 洪迈：《夷坚志》，中华书局，2006，第935页。
③ 洪迈：《夷坚志》，中华书局，2006，第42页。

《治世余闻》下篇卷四：

湖州人以养蚕为生，然蚕身甚异。弘治中太仓人孙廷慎行贩安吉，往来皂林，见巡司获盗三人。其人是彼处大族伍氏家丁也。盖其家每岁畜蚕，因蚕多叶薄，饲之不继，乃弃蚕十余筐，瘗之土窖中。三人仍驾船往市桑叶，不得。舟还途次，忽一大鲤跃入舟中，重约数斤。三人喜其罕得，载归馈主。舟经皂林，巡司异其小船而用两橹急驾，疑之。遂追捕至，检其外，见头仓有人腿一。三人自相惊骇，巡司即缚解浙江按察司，拷掠甚至，诘其身尸所在。三人不胜锻炼，诉辩得鱼之故、变异之端。主司不信。三人不得已而认之，云："杀人。身尸见埋在家隙地内。"主司即命吏卒人等押至其家。妄指一地。发之，正是瘗蚕之处。蚕皆不见，惟见一死尸，身躯完全，乃少一腿。事之符合，并家主俱抵罪。此事江南人盛传其事到京。岂其家害蚕命数多，有此冤报？然司刑者不可不审也。①

稍后，徐献忠《吴兴掌故集》转载了这则故事，并将地点改为乌镇。其文如下：

野史记，乌镇大族伍氏，因蚕多叶少，将十余筐瘗之田中。还途见一大鲤跃入舟中，载归。经皂林，巡司异其行急，诘之。见舟中有人腿一只，缚解按察司。拷掠不胜，诉出瘗蚕之故。命验之，则所瘗之蚕变为死尸，恰少一腿。乃并其主抵罪。物之冤报，虽若荒诞，然固可戒也。②

《吴兴掌故集》的这则故事没有鬻桑的情节，但显然引自陈洪谟的《治世余闻》，只是情节略简而已。文末"物之冤报，虽若荒诞，然固可戒也"一句，强调了弃蚕鬻桑型传说的教化作用。

清代地方志中记载的弃蚕鬻桑型传说更多。乾隆《乌青镇志》（1760 年）、光绪《桐乡县志》（1887 年）等都转载了这则乌镇伍氏家丁的故事。《桐乡县志》

---

① 陈洪谟：《治世余闻》，中华书局，1985，第 63 页。
② 徐献忠：《吴兴掌故集》（卷十三），嘉靖三十九年刊本。

卷二十还记载了"康熙乙亥，桐乡东门外官庄村"村民曹升弃蚕鬻桑，最后房屋烧毁，曹升遭雷劈而死的故事。①

光绪《石门县志》（1879年）卷十一记载了卖子购叶者得福报，而弃蚕鬻桑者遭报应的故事。

万历七年春，叶贵甚。县北打鸟村王财养蚕八筐，而少叶千斤。妻语夫曰："蚕性命重而人为轻。二竖可售，以育蚕，则蚕可救而二竖犹可归也。"夫颔之。售得银二两，尽以买叶。时塘东一张姓者，育蚕五筐。计售丝不如售叶，令妻减蚕，采叶来祟。适与王财值银。既售，与王换籯，而不知袖中金之坠于籯也。扬扬而归，骄其妻。顾取银沽酒，无有矣。乃大号泣，遂抵户自缢。其妻亦缢，一家三人皆死。王财买叶归，妻方俟叶至急，饲蚕而得银于筐中，不失一毫。遂以原银赎售竖，团圞焉。此两家报应，甚速而且异然，往往有之，特目击耳。育蚕者慎勿多育起售竖之谋，勿弃蚕受赤家之报。量叶育蚕，斯言当矣。②

《石门县志》还载，嘉靖元年崇西北十九都余二、余四兄弟"相与倾蚕于垃圾潭中"，趁早驾船卖叶，行至三里桥，"忽水中跃一大鱼入舟"。兄弟俩售叶沽酒，将烹鱼，则鱼化为人腿，余二、余四因涉嫌杀人而受到制裁。③可见，明清时代，弃蚕鬻桑型传说在浙江杭嘉湖地区流传十分广泛。

费星甫《西吴蚕略》卷下以《蚕报二则》为题记载了"城南金盖山"某农人和南浔胡二因弃蚕鬻桑而遭报应的故事。胡二的故事与《夷坚志》的《南昌胡氏蚕》情节相同。费星甫认为："洪迈《夷坚志》误南浔作南昌。不知南昌江流驶疾，因删正之。"④洪迈是江西鄱阳人，似乎不至于因"不知南昌江流驶疾"而误把南浔写作南昌。

---

① 严辰:《桐乡县志》（卷二十），陶漱艺斋，光绪十二年刊本。
② 余丽元:《石门县志》（卷十一），傅贻书院，光绪五年刊本。
③ 余丽元:《石门县志》（卷十一），傅贻书院，光绪五年刊本。
④ 费星甫:《西吴蚕略》，道光二十五年刊本。

光绪年间的《点石斋画报》曾刊《因误杀子》，记载的是海盐某甲因弃蚕鬻桑而误杀其子的故事。

某甲，海盐人，务农为业。十亩之间，尽树以桑。其育蚕多寡，则视产叶之数为准。今岁叶价大长，某念蚕信虽好，而将来丝价低昂，未可预卜。莫若弃蚕卖叶，立可得重值。遂将所蓄之蚕尽抛河边。其媳深为可惜，拣取数筐携归饲养。使其夫于夜间私剪蚕叶。时某正卧守桑下，摇见人影，疑为贼。掷以鱼叉，立毙。人遂谓弃蚕者忍，宜有此报。[①]

故事情节和《夷坚志》的《张翁杀蚕》有雷同之处，但地点设定在海盐，显然和明清以来杭嘉湖蚕桑业盛况有关。文中"弃蚕者忍，宜有此报"一句，反映了对弃蚕鬻桑行为的社会舆论，和《埋蚕受祸》中"蚕者，天地灵虫，绵帛之本，故加剿绝，与杀人不殊。当置严刑，以绝凶丑"以及《蚕馒头》中"夫蚕者灵虫，衣被天下，愚氓坑蚕获利，有此征报尔"之类的作者点评一样，均揭示了古代民众的信仰。因此，弃蚕鬻桑型传说是维护这种民间信仰的需要。

如今民间流传的弃蚕鬻桑故事中的信仰要素已经淡化。长期在杭嘉湖地区从事民俗调查研究的顾希佳先生在海盐澉浦乡间采集到的弃蚕鬻桑故事，属于以消遣娱乐为目的的民间故事，[②]弃蚕鬻桑型传说的演变，和农家的蚕桑经营体制的变化有着不可分割的关系。

二

弃蚕鬻桑传说的形成和流传，是以农家的蚕桑经营体制及民间的桑叶买卖习俗为其社会背景的。农家的蚕桑经营必须具备一定的条件，同治《湖州府志》："夫蚕之所需者，人工、桑叶、屋宇、器具。四者备，而后可以成功。若不量己之有无，一味贪多务得，必致喂饲缺叶，布置少筐，抬替乏人，安放无

---

① 吴友如:《点石斋画报》，上海文艺出版社，1998，第513页。
② 顾希佳:《东南蚕桑文化》，中国民间文艺出版社，1991，第249页。

地。人既受困，蚕仍受伤。"① 可见，传统的农家养蚕经营必须具备四个条件：第一是必须有足够的劳力，以应付大眠蚕的除沙、采桑和收茧等劳动强度较大的工作；第二是有桑地，能为饲蚕提供足够的桑叶；第三是有房屋，以保证养蚕所需的室内空间；第四是置备有各种蚕具。《府志》告诫蚕农必须量力而行，不能"一味贪多务得"，以免造成"人既受困，蚕仍受伤"的不良后果。

在上述四个条件中，除房屋以外，其余三者都是可以利用金钱临时调配的。劳力不足，可以雇"蚕忙工"。明代黄省曾《蚕经》云："养之人后高为善，以筐计，凡二十筐佣金一两。"② 反映了当时江浙一带雇蚕忙工的习俗及其计酬方法。没有桑地或桑叶不足，可以通过租用别家桑树或购买桑叶的办法解决。宋代郑獬《买桑》诗云："出持旧粟买桑叶，满斗才换几十钱。桑贵粟贱不相直，老蚕仰首将三眠。"③ 描写的是蚕农因桑叶不敷而卖粟买桑的情况。南宋高斯得《桑贵有感》的"客寓无田园，专仰买桑供"④ 句，反映了南宋时就存在自己没有桑地而专靠买叶饲蚕的农户。即使资金不足也可以借贷，待售丝或售茧后归还。南宋释文珦《听野老所言》诗中有"举贷养蚕不收茧"⑤ 句，描写的就是举债饲蚕但蚕茧无收的悲惨状况。杭嘉湖地区曾经流行的"加一钱"借贷习俗，也是蚕农筹措资金的重要方法。农家的蚕桑经营是蚕桑文化的重要内容，有待深入研究，本文的探讨仅限于和弃蚕鬻桑有关的桑叶流通问题。

唐代的桑叶流通，由于尚未掌握相关的文献资料，现在还无法了解其具体情况。但是，由《三水小牍》的《埋蚕受祸》中"明日凌晨荷桑叶诣都市鬻之"的表述可知，早在唐代已有以桑叶为交易的"叶市"。

叶市不同于四川成都一带的"蚕市"。蚕市于蚕期前开市，主要交易物资为桑苗、蚕具等用品，而叶市在蚕大眠期间开市，专营桑叶的买卖。杭嘉湖地区的叶市以清代为盛，地方文献多有记载。

桑叶买卖在杭嘉湖地区谓之"稍叶"，高铨《蚕桑辑要》：

---

① 宗源瀚：《湖州府志》（卷三十），爱山书院，同治十三年刊本。
② 黄省曾：《蚕经》，《百陵学山》，隆庆二年刊本。
③ 郑獬：《郧溪集》（卷二十六），《湖北先正遗书》（集部），1923，第5页。
④ 高斯得：《耻堂存稿》，中华书局，1985，第109页。
⑤ 释文珦：《潜山集》（卷五），《四库全书珍本初集·集部别集类》。

湖地采桑，不以斧戕而以剪，不曰采而曰"扎"。买与卖通谓之"稍"，先输值而后扎叶，曰"现稍"，先扎叶，俟蚕毕偿价，曰"赊稍"。①

从事桑叶买卖的叶行被称作"青桑叶行"（见图1），有其独特的交易习惯。费星甫的《西吴蚕略》"叶市"有记载：

蚕向大眠，桑叶始有市。有经纪主之，名"青桑叶行"，无牙贴牙税。市价早晚迥别，至贵每十箇钱至四五缗，至贱或不值一饱。议价既定，虽黠者不容悔。公论所不予也。②

图1 清代俞塘《蚕桑述要》中的《叶市图》

叶行开市有其独特的规律，夏辛铭《濮院志》：

桑叶行开在四栅近处，以利船进出也。立夏三日开市，有头市、中市、末市，每一市凡三日。每日市价凡三变，曰早市、午市、晚市。③

---

① 高铨：《蚕桑辑要》，道光十一年刊本。
② 费星甫：《西吴蚕略》（卷上），道光二十五年刊本。
③ 夏辛铭：《濮院志》，民国十六年刊本。

关于桑叶买卖的利益空间，《乌青镇志》曰：

> 叶行上市，通宵达旦，采叶船封满河港。叶行营业顺利，骤可利市三倍。[1]

叶市利润较高，牙侩麇集，稍叶射利。利用桑叶买卖以图牟利的行为被称作"做叶""作叶"或"顿叶"，《湖州府志》引董蠡舟《乐府小序》：

> 叶莫多于石门、桐乡，其牙侩则集于乌镇。买叶者以舟往，谓之"开叶船"。饶裕者亦稍以射利，谓之"作（子贺切）叶"，又曰"顿叶"。[2]

《濮院志》进一步解释了"做叶"的三种情况：

> 价贱而望其长者，谓之"做大眠"；价贵而望其短者，谓之"做小眠"；其无叶而为交易者，谓之"做空头叶"[3]

做叶和股民做股票相似，虽然暗藏风险，但总有人乐此不疲。《南浔志》引《遣闲琐记》曰：

> 蚕间往乌镇做叶，是南浔一敝俗。名为贸易，实同赌博。究之得利者少，失利者多。有叶贱而亏本者，有刻意居奇以致过时不及售者，有受市侩之欺，并本钱无从追问者。后人曾不知鉴，为之不已。盖市易丛集之地，便于游荡，故乐之而不悔也。[4]

如此热闹繁忙的叶市交易，是建立在桑地私有的基础上的。杭嘉湖地区的叶市一直持续到民国时期。

解放后，由于土地所有制的变化，特别是人民公社化之后，养蚕以生产队

---

[1] 卢学溥：《乌青镇志》（卷二十一），杭州渭文斋，1936，第19页。
[2] 宗源瀚：《湖州府志》（卷三十），爱山书院，同治十三年刊本。
[3] 夏辛铭：《濮院志》，民国十六年刊本。
[4] 周庆云：《南浔志：点校本》下册，赵红娟、杨柳点校，方志出版社，2022，第5页。

为单位进行，桑叶不属个人所有，叶市这种桑叶流通的中介机构自然也就没有存在的必要。在改革开放以后，农村实行生产承包责任制，杭嘉湖地区的桑地也承包到户，蚕农对自己承包的桑地所产桑叶有支配的自主权，但桑叶的买卖仅限于个别蚕农之间（见图2），没有形成叶行那样的中介机构，桑叶的价格也没有牙侩的炒作，饲蚕不如售叶的情况也就难以发生。社会生活中没有弃蚕鬻桑的事实，弃蚕鬻桑而遭报应的民间传说也就丧失了流传的社会基础。因此，以维护民间信仰为目的的弃蚕鬻桑型传说就演变为以消遣娱乐为目的的故事。可见，弃蚕鬻桑型传说的形成和流传，是扎根于某种蚕桑经营体制和桑叶的流通市场这样一种特定的民俗土壤中的。

图2　20世纪90年代蚕农"稍叶"

三

如果说蚕农之间的桑叶流通习俗是弃蚕鬻桑型传说形成和流传的社会基础的话，那么，蚕虫神圣观则是这类传说形成和流传的民俗心理。自古以来，农桑为中国人的衣食之源，西汉政论家贾谊云："古之人曰，一夫不耕，或受其之饥，一女不织，或受之寒。"①指出了农耕和蚕桑对于人类生存、生活的重要性。蚕对人类的贡献不仅表现在物质生活方面，人类社会的结构体制、伦理道德、生活观念等都因蚕虫之"衣被天下"而进步发展。《荀子·蚕赋》赞蚕对人类的功绩曰："有物于此，傀傀兮其状，屡化如神。功被天下，为万世文；礼乐以成，贵贱以分；养老长幼，待之而后存。"②揭示了社会结构、伦理观念赖以存在的物质基础。《湖州府志》则说："公家赋税、凶吉礼节、亲党酬酢、老幼衣着，唯蚕是赖。"③直截了当地指出了养蚕收入对农家生活的重要性。

但是，古人并没有把"衣被天下"的蚕虫仅仅看作是能给人带来物质、经济利益的有益昆虫，更把它看作是神圣而不可亵渎的神虫。在魏晋南北朝时代，蚕的俗字被写成"蝅"，曾流行一时。顾野王《玉篇》："蝅，自含切，蚕俗字。"④江式《古今文字表》对"蝅"之类的俗字进行了严厉的批判，曰："追来为归，巧言为辩，小兔为驠，神虫为蚕，如此甚众。皆不合孔氏古书、史籀大篆、许氏说文、石经三字也。"⑤其中的"神虫为蚕"就是"蝅"字。作为蚕的俗字，"蝅"因"不合孔氏古书、史籀大篆、许氏说文、石经三字"而不登大雅之堂，因而我们很难在古籍中找到它的实际用例。到了唐代，人们以"蚕"字代替了"蝅"字，这同样是蚕虫神圣观的产物，在古人看来，以桑叶为食的吐丝虫不是自然界的凡虫而是"功被天下"的神圣"天虫"。

蚕虫神圣观的产生，不仅是因为蚕虫给人带来物质的受用和经济的利益，还因为它由卵而虫、由虫而蛹、由蛹而蛾的生物变态给人带来的神秘感。《荀子·蚕赋》中的"傀傀兮其状，屡化如神"句，说的就是蚕的生物变态令人神奇莫测。清人褚稼轩《坚瓠五集》卷二《蚕有六德》条云："杨廉夫尝论蚕有六德。衣被天下生灵，仁也；食其食，死其死，以答主恩，义也；身不辞汤火之厄，忠也；必三眠三起而熟，信也；像物以成，茧色必尚黄素，智也；茧而蛹，蛹而蛾，蛾而卵，卵而复茧，神也。此六德也。"⑥同样强调了蚕"屡化如神"的生物

---

① 贾谊：《贾谊集》，上海人民出版社，1976，第 201 页。
② 荀况：《荀子·赋篇第二十六》，《百子全书》，浙江人民出版社，1984，第 16 页。
③ 宗源瀚：《湖州府志》（卷三十），爱山书院，同治十三年刊本。
④ 顾野王：《宋本玉篇》，北京中国书店，1983，第 469 页。
⑤ 江式：《古今文字表》，马国翰《玉函山房辑佚书》，文海出版社，1967，第 2338 页。
⑥ 褚稼轩：《坚瓠五集》，《笔记小说大观续编》，新兴书局，1973，第 3486 页。

变态。

　　除了上述生物变态以外，蚕三眠三起的生物习性也使古人觉得不可思议。蚕眠时不吃不动，如同死了一般，起时又如同死而复生，因此，蚕虫又被古人认为是具有起死回生之魔力的神虫。古代有以金蚕（即青铜的蚕模制品）陪葬的习惯，文献多有记载，例如，晋代的《三辅故事》：

　　秦始皇葬骊山，起陵高五十丈，下洞三泉，周回七百步。以明珠为日月，人鱼膏为脂烛，金银为凫雁，金蚕三十箔。①

　　再如，《南史》卷四十三在叙齐高帝的鉴、铿二子时写道：

　　始兴简王鉴，字宣彻，高帝第十子也。……于州园地得古冢，无复棺，但有石椁。铜器十余种，并古形玉璧三枚，珍宝甚多，不可皆识。金银为蚕蛇形者数斗。②

　　宣都王铿，字宣俨，高帝第十六子也。……永明十一年，为豫州刺史，都督二州军事。……于时人发桓温女冢，得金巾箱、织金篾为严器，又有金蚕银茧等物甚多。③

　　又如，《太平御览》卷八百二十五引晋代《广州记》：

　　顾微《广州记》曰："吴黄武三年，遣交州治中吕瑜发赵婴斋冢，得金蚕、白珠各数斛。"④

　　除古代文献以外，现代考古发掘也出土过一些陶蚕、玉蚕等随葬品。这些蚕的模制品被埋入坟墓，目的是想要借助蚕起死回生的神力让死者死而复生。这是古人的一种巫术行为，因此，以蚕的模制品为明器的风俗，主要流行于汉

---

① 佚名：《三辅故事》，收于《二酉堂丛书》，道光元年刊本。
② 李延寿：《南史》（卷四十三），汲古阁，崇祯十三年刊本。
③ 李延寿：《南史》（卷四十三），汲古阁，崇祯十三年刊本。
④ 李昉：《太平御览》，大化书局，1977，第 3667 页。

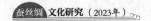

魏六朝以前，六朝以后似已绝迹。

蚕在古人心目中不仅是对人有经济利益的有益昆虫，同时还是神圣不可亵渎的神虫。这种蚕虫神圣观和桑叶买卖习俗共同构成了弃蚕鬻桑型传说的民俗土壤和社会背景，是蚕桑文化的重要组成部分，值得深入研究。

（作者单位：上海师范大学）

慎微之与钱山漾遗址的发现

俞樾

钱山漾遗址位于浙江省湖州市城南七公里的潞村古村落钱山漾东南岸，属新石器时代良渚文化。钱山漾遗址出土的绸片、丝带、丝线等尚未碳化的丝麻织物，成为人类早期利用家蚕丝纺织的实例，印证了中国是世界丝绸的发祥地。2015 年 6 月 25 日，钱山漾遗址被正式命名为"世界丝绸之源"。该遗址的发现者慎微之的《湖州钱山漾石器之发现与中国文化之起源》一文，让钱山漾遗址引起了历史和考古学界的注意。我们就通过本文简单复盘慎微之发现钱山漾遗址的过程。

一、从好奇到实践

湖州潞村人慎微之生于 1896 年，家境贫寒，为分担家庭重担，经常到离家不远的钱山漾湖边抓些小鱼虾或摸点螺蛳、河蚌充当家人一天的荤腥。他有时会捡到一些稀奇古怪的"石头"。儿时捕鱼捉虾的经历成就了一位考古专家，他后来成为钱山漾古文化遗址的发现者。

据慎微之回忆，"公元 1906 年暑期中，余在浙江湖州府归安县，一百二十八庄，泗水庵堡，现属吴兴县双潞乡，离潞村约二里许之钱山漾滩游玩，无意中拾得石箭头一个，在当时童子目中尚不知该石器对于我国文化之价值，只认为普通圆石子，供玩弄而已"。[①]

---

① 慎微之：《湖州钱山漾石器之发现与中国文化之起源》，《江苏研究》1937 年 6 月第 3 卷第 5—6 合期。

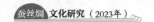

慎微之在钱山漾附近捡到的各式"奇石"越来越多，一个问号开始在他心中产生：这些与普通石子完全不同的石头，是不是有着特殊的意义？

1911年，14岁的慎微之考进了蕙兰中学，他夹着一条草席，背着一床棉被，揣着母亲省下的一块银元赴省城杭州求学。

在蕙兰中学，慎微之第一次知道了人类文明史上一个重要的阶段——石器时代。他开始对石器产生了浓厚的兴趣。

彼时，西方新式教育涌入中国，天文、地理、人类史等新学科一下子引起了慎微之的极大兴趣，也正是因为这些先进的系统性研究人类进化历程的学科让慎微之能够拿到破解儿时心中疑惑的钥匙。

1920年，慎微之入沪江大学学习，选读了社会之进化科，打算完整挥顺究竟石器时代在人类历史上处于什么样的地位，尤其是自己家乡钱山漾中的"奇石"究竟是不是石器时代的产物。

在沪江大学深造的七年时间，慎微之养成了一个习惯——每年的假期都要到钱山漾附近的浅滩采集石头，回来后绘制成手稿，加以研究。他不仅带回石器，还带回陶器、木器等。随着知识的沉淀，慎微之的视野逐渐清晰，钱山漾很有可能真的是一个大型文化遗址，但是漾边浅滩捡到的器物都是零零散散的碎片，真正的有价值文物应该还在钱山漾湖底，这就需要一个契机，能够到漾中去一探究竟。

二、大旱之年的惊人发现

1934年夏天，契机来了。适值大旱，湖中水位极低，大部干涸见底。慎微之采集到大量石器，共200余件。

这一次采集让慎微之坚信自己家乡的这片区域存在着一个巨大的遗址。经过三年的整理和梳理，慎微之在《江苏研究》上发表论文《湖州钱山漾石器之发现与中国文化之起源》，中外瞩目，慎微之成为钱山漾遗址的发现者。

浙西有好多之湖称为漾，钱山漾在湖属湖中除碧浪湖外为第一浅沼。依地质学言之，该湖本系普通河流，面积也不及今日之大。河之两旁为肥沃之平原，湖滩大部分为古城之遗迹，水涸时，吾人尚能见基石大砖大桩等等，且在土名"龙田墩"湖畔曾发现千年前之古刹一所，该古刹之名称，为泗水庵，盖系考查附近之方单"泗水庵堡"所得来。至今水中尚存庵之石柱及石基，故古时之钱山漾，曾一度人烟稠密，嗣因洪水泛滥，古城陆沉，始成今日之一片汪洋……①

慎微之接着介绍了在钱山漾发现之石器：

钱山漾最初既系一河流，而其两旁，又为村落，故经若干年之水波荡漾，沿岸随剥蚀，石器随发现，最初在湖之东北角，继则在湖之出口支流沿岸亦有发现，风平浪静之日，常可看到不同之地质中，随地有各种富有古意之石器，余在该湖内及四周所发现者，陶鼎足最多，几至俯拾即是，惟整个之陶鼎，则绝无收获，其次如凿类，为数亦多，再次为石箭头、石斧亦极丰富，其中以石大刀为最少发现……

所拾得之石器，以类别之，有（一）石大刀，（二）石小刀，（三）斧，（四）石铲，（五）石锛，（六）石镰刀，（七）刮皮刀，（八）石凿，（九）石钻，（十）石矛，（十一）石镞，（十二）石标枪，（十三）石刺刀，（十四）石厨刀，（十五）石戈，（十六）石钺，（十七）石锤，共二百余件。此外，尚有鼎鬲之足与耳、甗、缶、油盖等碎陶片数百件，古色古香，见者无不叹为"古石观止"。……就时代言之，有属于旧石器时代者，有属于新石器时代者……②

慎微之将钱山漾石器与其他各处发现的石器进行比较：

自余之发现后，在南方如绍兴、杭州等地，曾各有古物出土，但均系新石器时代之遗物，而越城、奄城等地所发现之陶器，更谈不到史前矣。且其种类数量亦不甚多。……而我所发现之石器，尽在湖中，设无1934年之亢旱，恐难拾得。加以石器分布区域已达二英里之广，显然并非殉葬之物。石器之大部分均系粗制，仅加敲击，是一由实用利器，简单坚实，经定为旧石器时代之物，

---

① 慎微之：《湖州钱山漾石器之发现与中国文化之起源》，《江苏研究》1937年6月第3卷第5—6合期。
② 慎微之：《湖州钱山漾石器之发现与中国文化之起源》，《江苏研究》1937年6月第3卷第5—6合期。

以外尚有不少新石器时代之遗物。故其所代表之时代甚长，就对于文化上之价值言，古荡所发现之石器多有光滑如玉者，仅能证明南方亦有石器，而不能证明其时代。至钱山漾之石器，观其分布之广，器物之多，足以证明南方早有文化，而中国文化实起于东南也。①

最后，慎微之阐述了钱山漾之石器对于南方文化的意义：

就钱山漾所发现之石器论述之，则知中国文化发源于东南，北方人吸收南方文化，发扬而光大之，以致世人误认中国文化发源于西北，其造成错误原因，约有下述数端：

（甲）因一般人泥于旧说，遂误解文化发展之动向，以前之考古学家、历史学家之著述，均载文化发源西北，此亦造成错误观念之重大原因之一。

（乙）自周迄今历代京都，均在北方，或西北方，以致文化重心自南移北，虽或间有建都南方者，但为时甚暂，无甚影响，且京都官吏人民均自视甚高，以为最优秀民族尽在北方矣。

（丙）交通阻隔，以致各处风俗习惯不一，因此北方对南方遂有不良之成见，盖古代中国对于异己之邻人素取厌恶而不能相容之态度。

（丁）中国古代在封建制度成立以前，各地独立，不相往来，即在封建时代之周朝，各诸侯间亦互相嫉妒，因之地方主义之色彩深印入各人思想中，遂有南北之区别，吾人在古代之著作中，可以寻得不少例子。

……

所幸者在湖州、杭州相续发现石器，足以证明中国文化发源于东南，此说考诸史乘亦相符合，分别述之于下：

（甲）黄帝与蚩尤大战于涿鹿之野，当时蚩尤在南方，已能铸铜为兵器，作刀戟大弩，为炎属之后，爱好和平，黄帝居北方，好战伐，以弦木为弧剡木为矢，而霸中国，故当时北方之文化尚不及南方，自黄帝战败蚩尤后，遂尽力吸取南方文化之精华，发扬而光大之，但究不能因此而谓南方之后于北方也。

（乙）周以前南方虽败于黄帝，其遗族又经虞舜之放逐，遭此两劫，损失颇

---

① 慎微之：《湖州钱山漾石器之发现与中国文化之起源》，《江苏研究》1937年6月第3卷第5-6合期。

重，但此时南方尚属繁荣，例如禹之大会诸侯于苗山，大会计，爵有德，封有功，因而更名苗山曰会稽。（见史记集解卷二夏本纪第二）殷代民族所居亦近东南，纣时始都朝歌，乃渐徙而北，及至周代，全国统一，北方遂成中国文化之中心。

（丙）凡文化较高之民族，常爱好和平，因而被蛮族所战败者颇多，故文化起于东南之说，可从南方人之爱好和平理中推知之，关于北方人士特性之不同，在中庸曾有下列之记载：

"子路问强，子曰："南方之强欤，北方之强欤，抑而强欤，宽而柔以教，不报无道，南方之强也，君子居之。衽金革死而不厌，北方之强也，而强者居之。故君子和而不流，强哉矫；中立而不倚，强哉矫；国有道，不变塞焉，强者矫；国无道，至死不变，强哉矫。"

按孔子曾回礼于老子，故能尽悉南方人性格，老子南方之学者，主张以柔胜刚，不容于北方，南方人之性格既如此，又居于江海薮泽，肥沃之区，难免因习于安乐，遂致"昏迷不恭，侮慢自贤，反道败德，君子在野，小人在位，民弃不保，天降之咎"（见书经大禹谟）。既如是也，安得不败于北方民族乎？但究不能因战败而遂谓无文化也。

（丁）礼记礼运篇："昔者先王未有宫室，冬则居营窟，夏则居橧巢，未有火化，食草木之实，鸟兽之肉，饮其血，茹其毛，未有麻丝，衣其羽皮。"又礼记郊特性篇"黄衣黄冠而祭息田夫也，野夫黄冠，黄冠，草服也"，由是可知古代衣食以植物为主，此必湖边近山之处也，证诸文化发展之理论及实际亦相符合。

综上所述，中国文化，起于东南江海之交，而不起于西北山林之地，可断言也。依此原则，吾人似应对于世界各地，所得古物之年代，再加以一番详尽之研究，至于其范围，除石器外，尚包括"爪哇人"、"北京人"以及今所假定之"湖州人"及其他各种时代之古物，均应以有力的证据，而确定其历史上之年代。①

---

① 慎微之：《湖州钱山漾石器之发现与中国文化之起源》，《江苏研究》1937年6月第3卷第5—6合期。

该文章发表后受到了中外考古学界的极大重视，甚至有日本学者组队来到钱山漾进行了初期采集和小部分挖掘。慎微之通过这些古代石器的展览，开始不遗余力地对外进行宣传，希望能够得到国家考古界的认可，并组织正规挖掘。

慎微之1940年赴美国宾夕法尼亚大学攻读博士。1940—1945年他在美国多次办展，展出带去的石器。美国多家博物馆、古董商出资欲购都被谢绝。

攻读博士期间，每年寒假暑假，慎微之都到钱山漾遗址进行采集，因此被戏称为"石头博士"。

1945年学成归国，抗日战争结束，国家百废待兴，慎微之出任沪江大学商学院教务长，后赴任之江大学教育系主任、教授。1946年，湖州明德小学与幼儿园恢复重建时，他任校董。1947年他参与筹备成立浙江大学人类学系和人类学研究所，这个研究所里面大量的文物都是慎微之捐献的。浙江大学人类学系培养了新中国的第一批考古学家。

三、钱山漾遗址的考古发掘

新中国成立后，慎微之对钱山漾的一系列论断开始得到国家的重视。从1956年一直到1958年，国家组织了两次专业性、大规模的遗址挖掘，1958年3月挖掘出了4700年前的家蚕绢片。

2005年春，浙江省文物考古研究所和湖州博物馆联合对钱山漾遗址进行了第3次考古发掘。

2008年，浙江省文物考古研究所和湖州博物馆联合对钱山漾遗址进行了第4次考古发掘。

2016年，浙江省文物考古研究所、中国丝绸博物馆、湖州市文物保护管理所联合对钱山漾遗址北部区块进行了考古勘探和试掘。

现摘取部分代表性文物进行介绍。

1. 碳化稻米标本

钱山漾遗址12号探坑出土的碳化稻米标本（见图1），系新石器晚期的种质化石。据《吴兴钱山漾遗址第一、二次发掘报告》所附《吴兴钱山漾遗址出土植物种子鉴定书》，完全炭化，轮廓明显，纵沟及残留的颖壳均可辨清，粒形粗短近似粳形，稻米颗粒完整，纵沟及胚均明晰可辨，但粒形较细长，近似籼形。①

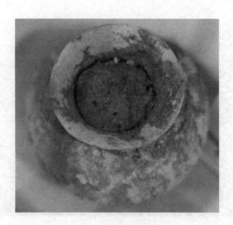

图1　碳化稻米标本

2.石锛Ⅰ式

钱山漾遗址13号探坑出土的石锛Ⅰ式（见图2），共16件。磨制较精，偏刃。刃部稍宽于上端，呈梯形。"因其体积很小，也许是在上端装直柄，作为剔割兽皮兽肉，采割野菜用的。"②

图2　石锛Ⅰ式

3.石锛Ⅱ式

钱山漾遗址22号探坑出土的石锛Ⅱ式（见图3），即长方形石锛。钱山漾遗址共出土半月形石锛154件，磨制精粗不一。"器身有短而宽的，也有狭长的，也分为大小两种。器身的结构，有的是两面平坦，另一面刃部斜杀；也有一面略呈弧形，另一面平坦，在刃部斜杀。最小长只2.8，宽1.2，最厚处0.3厘米。用途应该与小型有段石锛同。"③

图3　石锛Ⅱ式

4.半月形石刀Ⅰ式

钱山漾遗址第一、二挖掘层出土的半月形石刀Ⅰ式（见

① 浙江省文物管理委员会：《吴兴钱山漾遗址第一、二次发掘报告》，《考古学报》1960年第2期。
② 浙江省文物管理委员会：《吴兴钱山漾遗址第一、二次发掘报告》，《考古学报》1960年第2期。
③ 浙江省文物管理委员会：《吴兴钱山漾遗址第一、二次发掘报告》，《考古学报》1960年第2期。

图4），共30件。半月形石刀多用于收割谷物或切割食物。"弧形背，分直刃或凹刃，单面刀，刀部有的呈锯齿状，显然是使用的痕迹。"①

图4　半月形石刀Ⅰ式

5.半月形石刀Ⅱ式

钱山漾遗址第一、二挖掘层出土的半月形石刀Ⅱ式（见图5），共28件。"刃部有两种形式：一种是自背部的两端开始以弧线相接；一种是由背部两端直线垂下，然后以弧线相接。"②

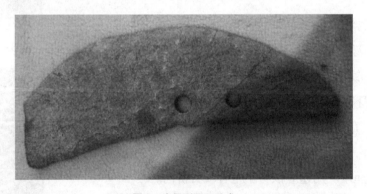

图5　半月形石刀Ⅱ式

6.夹砂陶罐

夹砂陶罐（见图6）是新石器时代的典型器物。"以砂粒、石英末、碎陶末

---

① 浙江省文物管理委员会：《吴兴钱山漾遗址第一、二次发掘报告》，《考古学报》1960年第2期。
② 浙江省文物管理委员会：《吴兴钱山漾遗址第一、二次发掘报告》，《考古学报》1960年第2期。

等作为霎和料。多属炊器。以手制为主，但口沿有经轮旋的。外表处理精粗不一，纹饰比较简单，最常见的是绳纹和条纹，其次是划纹、篮纹、弦纹、附加堆纹等。"①

夹砂陶罐为炊器，供蒸制食物时使用。蒸尝之道大盛，表明湖州先民早已告别了茹毛饮血的时代，饮食需求已趋于精致。

图6　夹砂陶罐

7. 石犁

钱山漾遗址出土的石犁（见图7），"犁呈三角形，两边刃，刃部稍呈弧形，中间有穿孔……这种石犁，器形较大，且经常接触硬土，容易破碎，以致很难发现完整器物"②。

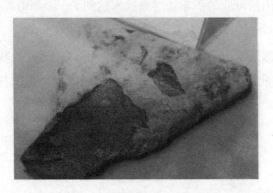

图7　石犁

---

① 浙江省文物管理委员会：《吴兴钱山漾遗址第一、二次发掘报告》，《考古学报》1960年第2期。
② 浙江省文物管理委员会：《吴兴钱山漾遗址第一、二次发掘报告》，《考古学报》1960年第2期。

石犁表明了湖州先民在农耕领域的先进技艺，器型打磨得越精细，说明农耕技术需求越复杂。

8. 石箭镞

图8为钱山漾遗址出土的石箭镞。钱山漾遗址中双棱的石镞占多数，共108件。"有的形似柳叶，中腹弧线外凸，两端呈尖形。有的自铤端至两翼的肩部呈三角形，唯铤端稍圆……有的两翼的肩部至尖锋呈三角形……有的磨制非常规整，有后锋，双棱，关部明显；自左右两翼的后锋至关部略呈梯形，唯两腰内收，铤部呈椭圆形或扁形。"①

图8 石箭镞

类型多样的石箭镞，说明当时的先民针对猎物的大小特性对石箭镞做出相应调整，更说明渔猎经验的积累让渔猎技术达到了一个新的高度。

9. 骨针

图9为钱山漾遗址出土的骨针。这两件骨针，"型式是比较常见的"②。该展品与已出土的大量精细的丝麻织品，标志着当时人们在纺织技术上已经取得巨大的成就。

---

① 浙江省文物管理委员会：《吴兴钱山漾遗址第一、二次发掘报告》，《考古学报》1960年第2期。
② 浙江省文物管理委员会：《吴兴钱山漾遗址第一、二次发掘报告》，《考古学报》1960年第2期。

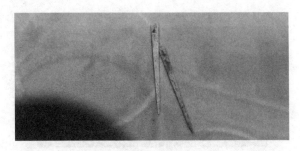

图9　骨针

10. 扁侧足陶鼎

图 10 为钱山漾遗址出土的扁侧足陶鼎。陶鼎在整个钱山漾遗址中约占夹砂陶的 90%。"鼎足的式样很多，主要有鱼鳍形、舌形、曲腿形、'T'字形和圆锥形，上面大都划着斜线纹或人字纹，这种纹饰，在别的遗址中很少见"。①

图10　扁侧足陶鼎

陶鼎主要为烹饪用具。也有学者认为，最早的缫丝技术中的加热环节极有可能在此类容器中完成。

11. 纺轮

图 11 为钱山漾遗址出土的纺轮。纺轮上层出 29 件，下层出 13 件，共 42件。"纺轮的形制，不论上下层，都只有两种，分馒首形和圆饼形。后者上小下大，两面平坦，周边斜杀……上层出土的，泥质黑陶与夹砂灰陶各半；下层出土的，多是泥质或细砂黑陶。"②

――――――――

① 浙江省文物管理委员会：《吴兴钱山漾遗址第一、二次发掘报告》，《考古学报》1960 年第 2 期。

② 浙江省文物管理委员会：《吴兴钱山漾遗址第一、二次发掘报告》，《考古学报》1960 年第 2 期。

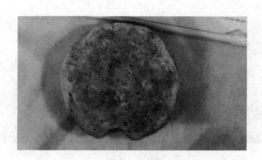

图11　纺轮

　　纺轮的发现，说明钱山漾可能已经有了简易的纺丝工具和织机。结合其余丝麻织物的发现，说明当时的钱山漾区域已经有了成系统的织造技艺。

　　12. 网坠

　　图12为钱山漾遗址出土的网坠。网坠共出土9件，7件出于丙区。都是上层的。"形式有橄榄形的，长7.6厘米，中间贯通，与南京北阴阳营所出相同；椭圆形的体稍扁，两头及两面都有纵横的系绳槽，长6.3厘米；圆柱形的每端各有两个缚绳的'纳头'，体小，长2.6–2.8厘米，应是用在细线网上的。"[1]

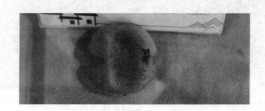

图12　网坠

　　织网捕鱼已经在相当长的时间内得到了长足发展，网坠的出现，说明当时的捕鱼技术已经与后世没有太大差别，是渔猎进入成熟期的表征。

　　13. 鱼鳍鼎

　　图13为钱山漾遗址出土的鱼鳍鼎。鼎类约占钱山漾出土夹砂陶的90%，鼎足的式样很多，"主要有鱼鳍形、舌形、曲腿形、'T'字形和圆锥形，上面大都划着斜线纹或人字纹"[2]。江南水乡，捕鱼食鱼，钱山漾先民们就以鱼鳍纹为美。

---

① 浙江省文物管理委员会：《吴兴钱山漾遗址第一、二次发掘报告》，《考古学报》1960年第2期。
② 浙江省文物管理委员会：《吴兴钱山漾遗址第一、二次发掘报告》，《考古学报》1960年第2期。

图 13 鱼鳍鼎

14. 绢片

据浙江省纺织科学研究所出具的《吴兴钱山漾出土纺织物鉴定书》，这一绢片（见图 14）为平纹织物，精细相仿，为家蚕丝织物[1]。

图 14 绢片

钱山漾遗址出土的丝绸残片现存于中国丝绸博物馆，为镇馆之宝，标志着人类最早的家蚕养殖和丝织技艺可以追溯至 4700 年前。

慎微之 1956 年到家乡菱湖镇的初级中学任教，钱山漾离他的学校十几里地。他在校内组织了历史兴趣小组，经常带着学生前往钱山漾等遗址探访。他于 1958 年到吴兴博物馆从事考古工作。湖州市博物馆珍藏着慎微之 1955 年至 1966 年的野外工作记录本（见图 15），共有 14 本，近 10 万字。晚年的慎

---

① 浙江省文物管理委员会：《吴兴钱山漾遗址第一、二次发掘报告》，《考古学报》1960 年第 2 期。

微之仍坚持写笔记，研究范围已经不只是钱山漾遗址了，甚至包括整个吴兴县的范围。他针对不同的遗址都整理出了分布地图、遗址点位以及挖掘出的文物。

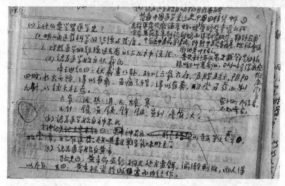

图15　慎微之的野外工作记录本

我们在整理手稿的过程中发现慎微之生活十分简朴，很多珍贵手稿写在报纸的边栏缝隙中，甚至有大量手稿写于他在菱湖中学任教期间的学生考试卷背面。

1976年，慎微之逝世于牛头山。慎微之的一生，与钱山漾遗址交融在一起。"回望钱山漾遗址，无不渗透着慎微之的汗水与辛劳；瞻仰一张张泛黄的笔记，无不记录着慎微之的心血和莼鲈之思。"[1]

（工作单位：湖州市人文建设促进会）

---

① 湖州市吴兴区档案馆：《"世界丝绸之源"发现者：慎微之》，《浙江档案》2023年第4期。

略述清代与民国湖州主要蚕桑文献

吴永祥

浙江湖州种桑养蚕历史悠久，源远流长。明清以来，湖州一直是中国最重要的蚕桑生产基地，所产的"湖丝"更是驰名中外，有着极好的声誉。"湖丝"的成功有赖于湖州地区蚕桑资源之丰富、生产技术之精、产品质量之优，同时也与蚕桑文献的不断刊刻发行有关。文献典籍中涉及湖州蚕桑业的颇多。笔者初步梳理，择要叙述如下。主要分为以下五类：

一、方志中的蚕桑资料

方志，是指记述地方情况的史志。方志分门别类，取材宏富，是研究历史及历史地理的重要资料。湖州修志兴于两宋，盛于明清，繁荣于当代，绵延千载。而湖州方志中关于蚕桑的记载，历代不绝。从郡（州、府）志这个角度看，在清代乾隆初胡承谋的《湖州府志》之前，"蚕桑"主要记载在方志中的"物产"卷中。如《嘉泰吴兴志》卷二十中的"物产"部分有"桑"条："今乡土所种，有青桑、白桑、黄藤桑、鸡桑。富家有种数十亩者。""《吴兴记》：乌程东南三十里有桑墟。""《梁陈故事》：吴兴太守周敏劝人种桑。"①

对于《嘉泰吴兴志》，笔者曾经专门研究过。这部旧志既是湖州现存最早相对最完整的古代志书，也是后人了解和研究古代湖州历史极为重要的参考资料，因此也被广泛使用。《嘉泰吴兴志》是南宋时人谈钥编纂的。谈钥是南宋湖

---

① 谈钥：《嘉泰吴兴志》，湖州市地方志编纂委员会办公室整理，浙江古籍出版社，2018，第368页。

州人。南宋淳熙八年（1181年）进士，担任过枢密院编修。据沈慧所著的《湖州方志提要》所述，现存的《吴兴志》是清代人从《永乐大典》中辑出的。目前，比较流行的版本是民国时湖州南浔藏书家刘承干刊印的吴兴丛书本。该志书之宋刊本久佚，在《永乐大典》中有抄录。但此志在长期传抄中也出现了一些"状况"，主要包括明代抄入《永乐大典》时对原文的改动，清代从《永乐大典》中辑出、传抄有错谬。但瑕不掩瑜，目前保留下来的《吴兴志》仍不失为一部好方志。

明代弘治《湖州府志》的"土产"卷中载，"蚕食头叶者谓之头蚕，其丝绵为最；食二叶者谓之二蚕，其茧止可作绵；食柘叶者谓之柘蚕，又名三眠蚕，其丝绵次之"①。清代湖州知府胡承谋纂修的《湖州府志》则把"蚕桑"与"水利"合为一卷，并将"蚕桑"单独列为一门，主要是为了突出"蚕桑"在湖州人民生产生活中的重要性，也以此来彰显湖州"丝绸之府"的地位。

李堂纂修的乾隆《湖州府志》沿袭了胡承谋的做法。到同治时，宗源瀚、杨荣绪修，陆心源、汪日桢等纂的《湖州府志》就在志中单独设立了"蚕桑"卷，而且还分了上下两卷。"蚕桑上"包含总论、栽桑、浴种瀹种、护种、贷钱、糊筐、收蚕、蚕禁、采桑等条，"蚕桑下"包含缚山棚、架草、上山、撰火、回山、择茧、缫丝、剥蛹、作绵、澼絮等条。

镇志方面，如咸丰《南浔镇志》和民国《南浔志》都立有"农桑"卷，民国《双林镇志》（1917年版）中有"蚕事"卷，光绪《菱湖镇志》有"蚕桑"卷，道光《练溪文献》则是"农桑""土宜""风俗"合为一卷。

二、湖州人所作的蚕桑类著作

明代文学家茅坤，字顺甫，号鹿门，湖州人。擅长古文，与唐顺之、归有光等被称为"唐宋派"。茅坤的重大贡献是选编了《唐宋八大家文钞》一书，唐宋八大家之称遂固定下来。茅艮是茅坤之弟，精于治桑，著有《农桑谱》一书。此书可能已经失传，至今未见。明末湖州涟川（练市）人沈氏，名字不详，著有《沈氏农书》。《沈氏农书》出名，很大程度上是因为嘉兴人张履祥对其的补充

---

① 《弘治湖州府志》卷八，归安姚氏咫进斋抄本，第6页。

修订。现在通行的张履祥《补农书》分上下二卷，上卷就是《沈氏农书》。《沈氏农书》中除了"蚕务"篇外，其他部分也有涉及蚕桑者。该书也收录在《四库全书存目丛书》补编和《续修四库全书》中。

清代湖州人所写的有关蚕桑类的著作则更多。有嘉庆时人高铨的《吴兴蚕书》和《蚕桑辑要》。《吴兴蚕书》有稿本存于上海图书馆，影印本收录在《子海珍本编·大陆卷》第二辑中。《吴兴蚕书》稿本曾为晚清时期的湖州人陆树屏、陆熙咸，民国时期的收藏家、翻译家湖州人周越然所收藏。中华农业文明研究院收藏有该书的刊本。陆树屏是晚清著名收藏家陆心源之子，陆熙咸是陆树屏之子。周越然则是湖州籍的藏书家。他 1914 年加入南社。早年任职于上海商务印书馆编审室，所编《英语模范读本》为各校所采用，销量巨大，所得版税极多。藏书极富，以藏书家见称于世。

高铨的《蚕桑辑要》则分上下二卷，《续修四库全书》影印收录了此书的道光十一年刻本。德清人陈斌（据有关专家研究，陈斌实为德清雷甸人）则在嘉庆时撰写了《蚕桑杂记》，此记收录在陈斌的诗文集中。这本书是陈斌在当合肥知县时所写。清代乌程人费南辉则编辑了《西吴蚕略》行于世，该书有道光十二年初刻本、二十五年增刻本，国家图书馆有存藏。这本书的影印本也收录于《续修四库全书》中。西吴是湖州别称，因此在古代，有许多涉及湖州的书以"西吴"冠名，如明代《西吴枝乘》《西吴里语》。《育蚕要旨》则为清代湖州乌程人董开荣所撰，其抄本存于中华农业文明研究院。

曾署两江总督的沈秉成为湖州人，撰辑了《蚕桑辑要》。《蚕桑辑要》是沈秉成为推广蚕桑技术所撰辑的通俗入门读物，文字语言深入浅出，通俗易懂，后世劝桑农书多引用。他任广西巡抚时教民蚕桑，对广西的蚕桑事业发展颇有贡献。

吴兴俞埰辑的《蚕桑述要》有同治十二年刻本，暨南大学图书馆存有此刻本。同治《湖州府志》和《湖蚕述》二书引述了湖州人高时杰撰写的《枝栖小隐桑谱》，可惜此书未见，可能已经失传。湖州归安人姚觐元撰写了《蚕桑易知录》。姚觐元，字彦侍，号弓斋。道光二十三年中顺天乡试举人。同治十一年任川东分巡兵备道，任职期间积极倡办蚕桑：先于佛图关官地试办，使民知其利；后设局劝办，每年从湖州购入嘉种，直接分发所属各州县；编辑《蚕桑易知录》，

使百姓习知种桑养蚕技术。

清代学者汪日桢撰有《湖蚕述》。该书为同治《湖州府志》中蚕桑卷的增损。汪日桢，浙江湖州乌程人。清代史学家、诗人、数学家。他幼年丧父，在母亲赵萊的教导下读书问学。他在学术上兴趣广泛，尤其擅长史学、算学两门，与历算名家李善兰往来密切。他曾参与修撰光绪《乌程县志》，编撰《南浔镇志》，参与同治《湖州府志》的编写。他还工于填词，精通音韵学。

清代安吉人张行孚撰写了《蚕事要略》。该书有光绪二十一年刊本。湖州获港人章震福撰写了《湖蚕说》，可惜原稿已散失，但他据此校订了《广蚕桑说辑补》，成《广蚕桑说辑补校订》四卷，有光绪三十三年刊印本，国家图书馆有收藏。章震福的故乡获港自明清以来蚕桑业发达。如今获港村是全球重要农业文化遗产湖州桑基鱼塘系统的核心保护区。

1908 年，上海新学会社刊印了湖州乌程人姚勇忱的《实验养蚕法》《蚕病预防法》两本专著。浙江省图书馆收藏有这两本书的上海新学会社 1913 年版本。

三、非湖州人所作但涉及湖州蚕桑的著作

这方面的书籍也颇多。如明代嘉兴石门人沈如封撰写了《吴中蚕法》。虽然此书失传，但光绪《石门县志》中保留了很大一部分内容。该书记述了嘉湖地区的养蚕之法。又如明代苏州人黄省曾撰写《蚕经》，记述嘉兴、湖州的栽桑养蚕方法，篇幅虽小，内容却涉及栽桑养蚕的很多方面，简略地勾画了当时蚕桑技术的轮廓。

清代吴烜撰《蚕桑捷效书》，以浙江湖州养蚕种桑经验为蓝本。吴烜是江阴人，为振兴家乡经济，提倡蚕桑。他联合友人从湖州买回桑秧种植，在自己家中栽桑养蚕，还从湖州聘请善于养蚕缫丝的人来家指导。他不仅自己悉心学习，而且让村民来家中参观学习，开展推广工作。他通过请教他人、参考其他书籍，并结合自己的经验写成了《蚕桑捷效书》。另外，吴烜还撰有《种桑说》一书。

湖州的养蚕种桑经验也得到了外国人的重视，如日本国立公文书馆内就存有《湖州养蚕书和解》一书。19 世纪中叶，意大利蚕桑专家卡斯特拉尼率团来到湖州，进行养蚕对比实验，并详细记录，后得以出版。

四、涉及湖州蚕桑的诗词和民间歌谣谚语

伴随着蚕丝业的繁荣，出现了与蚕桑文化有关的诗词作品。其中成就最突出的是沈炳震、董蠡舟、董恂以及钮福畴。沈炳震是清代湖州人，出生于1679年，去世于1737年。他自小读书勤奋，知识渊博。参加乡试8次均未中举。他创作的《蚕桑乐府》流传了下来，包含护种、下蚕、采桑、饲蚕、捉眠、饷蚕、铺地、缚山棚、架草、上山、擦火、采茧、择茧、缫丝、剥蛹、作绵、生蛾、布子、相种、赛神等多方面内容。董蠡舟和董恂都是南浔人，各有《南浔蚕桑乐府》，非常细腻地描绘了蚕农养蚕的过程。钮福畴是清代湖州人，与道光时的状元钮福保同族，有育蚕词四十首。此外，民间还有许多涉及蚕桑的歌谣谚语，歌谣如《龙蚕娘》《扫蚕花地》《赞蚕花》《轧蚕花》，谚语如"养蚕种地当年发""谷雨三朝蚕白头""人老一年，蚕熟一时""皇帝女儿不愁嫁、德清蚕丝不愁卖""清明白条、桑叶白挑""小满三日见新茧""养得一季蚕，可抵半年粮""忙过蚕场，有钱栽秧""种桑三年，采桑一世""三春有雷响，蚕娘定要僵""水稻怕荒，桑树怕蟥""千株桑万株桐、一生一世吃勿穷""种桑勿看苗，年年呒成效""蚕茧虽小，全身是宝"。

五、晚清、民国时期期刊报纸上关涉湖州蚕桑的文章

晚清、民国时期，湖州蚕桑业面临许多问题，因此在这一时期的报纸期刊上多有讨论湖州蚕桑业的文章。如钱玄同与友人创办的《湖州白话报》上刊载了《论蚕业》。《湖州白话报》创办于1904年5月，是湖州历史上第一张地方报。民国时期的《新湖州》上刊载了《湖属蚕业的前途与出路》，《湖州月刊》上刊载了《从蚕丝说到人造丝与今后湖州之严重性》，《拂晓月刊》上刊载了《湖州蚕事种种》，《镇蚕》上刊载了《湖州的蚕丝业与改良区》。还有一些则是对湖州蚕桑风俗、传说故事等的介绍，如民国时期的《少年(上海1911)》载有《湖州养蚕时的风俗》，《艺风》刊有《湖州养蚕时的种种故事》。

（作者单位：湖州市文史研究馆）

蚕桑文化剪纸在千金镇乡建乡创中的应用研究

夏琳　张新江

一、千金蚕桑文化剪纸的历史文化渊源和发展现状

（一）千金剪纸与蚕桑文化

湖州市南浔区千金镇最具特色的传统民间工艺是剪纸。该镇拥有"中国剪纸艺术之乡"的美誉。千金镇的剪纸艺术历史悠久，已被列入湖州市非物质文化遗产名录。在千金镇的街头行走，能看到窗户上许多的剪纸，包括"福"字、元宝、蚕猫等图案。逢年过节都会看到镇上的大部分人剪刻红纸、装点家园，意在祈盼幸福美好的生活。

湖州地处江南水乡，四季分明、水源纯净、环境优美，适合农业、渔业等产业的发展，蚕桑业尤为繁盛。宋元以来，湖丝名甲天下，湖州成为丝绸之府。湖州蚕桑文化悠久绵长，其丰富的桑蚕习俗也是中国桑蚕丝织文化的重要组成部分。[①] 千金镇的蚕农们每年养蚕时都要在门窗上贴大红的老虎头、蚕猫等剪纸图案，意在祈求蚕茧丰收。据当地蚕农介绍，贴老虎头是为了驱蚕祟，贴蚕猫则是为了驱赶老鼠。在千金镇，剪纸已经成为人们祈福、寄托美好愿望的象征。[②]

---

① 杨慧子：《非物质文化遗产在文化创意产品设计中的应用研究——以剪纸为例》，《遗产与保护研究》2018 年第 3 期。

② 冯旭文：《"一纸千金"当传承》，《今日浙江》2014 年第 20 期。

（二）千金剪纸艺术的历史文化意义

剪纸艺术是我国重要的民间艺术形式，蕴含着十分丰富的文化历史信息，还体现了广大人民群众的生活状态。千金剪纸不仅体现着剪纸艺术的文化价值与意义，还蕴含着千金镇的地方特色。

千金剪纸凝聚了千金民众的智慧和对丰收的祈盼，形成了浓厚的地域特色。当我们走在千金这个有着深厚文化底蕴和绵长历史的江南古镇，可以看到每家每户的门窗上都贴着用红纸剪刻而成的"福""寿"等吉祥文字，寓意"福寿延年"；或者元宝图案，代表着招财进宝。剪纸代表着千金人的美好期盼，还表现了千金人向上、乐观的人生态度。

（三）乡村振兴背景下的千金剪纸艺术

党的十九大报告提出实施乡村振兴战略，要求必须始终把解决好"三农"问题作为全党工作重中之重。非遗文化是宝贵的传统优秀文化资源，在乡村振兴文化建设中意义重大，合理利用非遗文化，将非遗文化融入乡村振兴中，可以更有效地推动乡村文化建设。千金剪纸艺术是千金镇传承和创新发展非遗文化的成功案例，以文化建设助推乡村振兴。千金镇政府对此项民间艺术很重视，民间剪纸艺术协会早在 20 世纪 90 年代就已成立，并积极开展剪纸类活动和比赛。千金镇的剪纸作品曾多次获得全国、省、市的奖项。

二、千金蚕桑文化剪纸的艺术特色

（一）图形、纹样及其文化内涵

千金镇的剪纸艺术和蚕桑文化相互渗透，剪纸中的许多图形、纹样来源于蚕桑文化。千金人会以种植蚕桑的过程为素材进行剪刻。《蚕乡记忆》（见图 1）刻画了人们以桑叶喂养蚕的画面，画面中有桑叶、燕子、虎头的形象，寄托着千金人希望蚕桑丰收的美好愿望，同时有助于人们了解蚕桑养殖。千金剪纸还以民间习俗和神话故事为题材。图 2 中的作品名为《迎蚕娘》，蚕神娘娘是百姓们信奉的掌管蚕桑的神明，每到蚕桑季节，就有迎蚕娘的习俗，蚕农们以此来祈盼丰收、讨吉利。

图1　潘静霞剪纸作品《蚕乡记忆》　　　图2　潘静霞剪纸作品《迎蚕娘》

（二）千金蚕桑文化剪纸的技法与艺术特色

千金剪纸大部分是单色剪纸，表现技法主要有阳刻和阴刻两种。阳刻是指保留形体造型的线条，剪刻去线条以外的块面部分。阴刻是指剪刻去形体造型的线条，保留块面部分，依靠剪刻后的空白部分显示形象。阳刻的特点是纤细、秀丽，阴刻则相反，更加坚实、稳重。千金剪纸是将阳刻和阴刻相结合，这样能够使画面更加丰富，主次明确，更具美感。

地域性是千金剪纸的图形、纹样的重要特征，将剪纸艺术与本土的蚕桑文化结合起来。《送蚕花》（见图3）将阳刻、阴刻融合运用，很好地体现了蚕神圣母的优美形象，在块面中剪刻出细细的线，给主体形象增加了层次感，结构分明。在艺术特色上，块面的部分具有整体性，画面节奏紧凑，烘托出欢快热闹的气氛。

图3　潘静霞剪纸作品《送蚕花》

三、蚕桑文化剪纸艺术在乡建乡创中的应用

（一）乡村文化建设中的千金剪纸

1. 美化环境

为了推广和宣传千金剪纸文化，加大对千金剪纸的传播力度，同时为了美化千金镇的乡镇环境，千金镇建设了剪纸艺术大道（见图4）。这条艺术大道利用了街道两旁的墙面，展示千金人的剪纸作品。作品内容结合着千金镇的蚕桑文化，以剪纸为载体，积极宣传蚕桑文化。希望经过剪纸大道的人能通过这些作品领略剪纸艺术和蚕桑文化之美，能够更加关注和喜爱千金镇。剪纸艺术大道让千金镇的环境变得更加优美，也更具有文化内涵，也让游客进一步了解千金镇的剪纸艺术和蚕桑文化。

路灯是乡村环境美化的重要景观，也是宣传本土文化的重要载体。千金镇的路灯融合剪纸元素，结合蚕桑文化，这样不仅有利于千金文化的宣传，也让千金镇的街头多了一份创意色彩。让走在街头的每一个人都能感受到浓厚的千金文化，在潜移默化中加深对千金镇的兴趣。

图4　户外剪纸

2. 文化活动

为了让千金镇年轻一代了解千金剪纸，镇上的小学、初中开设了剪纸课程，专门邀请剪纸艺术家来教学（见图5）。在学校的剪纸展览室可以看到学生充满

创造力的作品，作品内容包括神话故事、花草树木、民间习俗、蚕桑文化以及吉祥纹样等。千金镇除了重视培养青少年对剪纸文化的兴趣，还十分重视中年人这个群体，通过举办剪纸培训班，让中年人也能在剪纸中感受千金文化。千金镇致力于打造由老中青三代人构成的剪纸队伍，希望千金剪纸能一代一代传承和发展下去。

剪纸体验馆是千金镇剪纸文化的名片——给游客们反复介绍千金剪纸，不如让他们自己动手完成一幅剪纸作品。在剪纸体验馆可以体验剪纸的制作技艺，还可以领略千金镇深厚的文化底蕴。

剪纸艺术节旨在展示优秀的剪纸作品，观众可以在艺术节上看到剪纸的全过程，近距离感受千金剪纸的魅力（见图6）。千金剪纸已成为千金镇的一张靓丽名片。

图5　潘静霞正在指导学生剪纸

图6　观众现场观看剪纸表演

3. 旅游发展

千金镇利用传统民间手工艺推动乡村旅游的发展。千金剪纸体现了千金镇的地域特色，代表了江南古镇的区域文化特色。传统的民间手工艺对提高乡村旅游发展、创新旅游产品、优化产业结构具有强大的推动作用。

传统艺术通过不断创新，不仅可以为农村游客提供体验，而且还能为旅游地的形象做出贡献。据了解，千金镇还将结合农家乐、民俗馆等业态，将剪纸项目融入其中，发展乡村旅游。

（二）千金剪纸文创产品的设计与开发

具有地域特色的文创产品能帮助千金剪纸走出去，让更多人了解千金文化，让千金剪纸文化传承和发展下去。笔者根据千金剪纸文化设计了一套文创产品，希望有助于剪纸文化的保护传承和创新发展。

图 7 为内含剪纸元素的相框，刻画的是养蚕、络丝两个场景。该相框为可旋转木制相框，将剪纸作品放入其中，可以感受到浓郁的劳作气息。

图 7　相框里的剪纸作品

图 8 中的手机壳借用了剪纸图案，一个是小女孩玩蚕茧，一个是桑树，构图简约。手机壳是文创产品中比较常见的。

图 8　剪纸图案手机壳

到千金镇旅游，少不了要给亲朋好友带回伴手礼，表达自己的祝福。图 9礼盒采用的是采桑养蚕的图案，宣传了千金镇的蚕桑文化。图 10 为抱枕，采用的是络丝的图案。抱枕也是文创产品中较为常见的。

图9　剪纸图案礼盒　　　　　图10　剪纸图案抱枕

图11、图12为贴纸。近年来，贴纸备受年轻人喜爱，可以粘贴在文具、笔记本等多种物品上。图中贴纸采用的是桑叶筐和桑树两种元素。

图13为邮票。邮票有一定的收藏价值，图案的内容包罗万象，但是市面上以蚕桑文化剪纸为主题的邮票较少，因此该产品填补了一定的空白。图14为帆布袋，刻画了养蚕、络丝两个劳动场面。

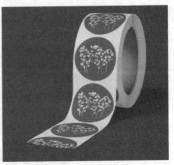

图11　剪纸图案贴纸　　　　　图12　剪纸图案贴纸

图13　剪纸图案邮票　　　　　图14　剪纸图案帆布袋

以文化创意产品为载体，以非物质文化遗产为主题进行设计创作，既可以传承中华优秀传统文化，又可以助力振兴乡村。新一代的设计师应不断推陈出新，加强对传统文化的继承与创新。本文以千金剪纸为例，梳理了千金剪纸的历史渊源、发展现状及其艺术特色，并研究了蚕桑文化剪纸在乡建乡创中的应用，以期助力千金镇的创新发展，为美丽乡村建设尽绵薄之力。

（作者单位：湖州师范学院）

湖州蚕桑民俗文化传承的美育策略

王觉平

一、文化符号与艺术表达的基本概念

（一）基本概念

在探析湖州蚕桑民俗文化传承的美育策略之前，我们需要对文化符号和艺术表达的基本概念进行解读。

文化符号是文化传播中的重要元素，代表了特定文化的价值观、信念、传统、民俗和生活方式等。它们可以是文字、音符、图像、物品、行为等各种形式。湖州蚕桑民俗文化作为蚕桑文化的符号载体，在现代社会的环境中丰富了其所指，例如当地的扫蚕花地仪式，其中表演扫地、糊窗、掸蚕蚁、采桑叶、喂蚕等一系列与养蚕生产有关的虚拟性动作，表达着人们祈求蚕桑生产丰收的美好愿望。其中文化表达的意义远远超出了民俗本身，丰富了蚕桑文化的内涵与外延。

艺术表达通过艺术形式来传达感情、情绪和思想，以独特、深刻的方式反映人类心灵的深层次活动和社会现象①，显示符号的意义性与艺术之间的联系。

（二）内涵增值

湖州地区栽桑养蚕历史悠久，是全国知名的蚕桑文化发源地之一，至今依

---

① 赵毅衡:《重新定义符号与符号学》,《国际新闻界》2013 年第 6 期。

212

然保留完整的文化传承样态和生产工艺链条。湖州蚕桑生产发达，蚕文化源远流长，有"蚕桑之利莫盛于湖"和"湖丝甲天下"的说法。在湖州漫长的蚕桑生产的历史中，衍生出丰富多彩的蚕桑民俗。这些民俗，有的来源于原始信仰和蚕神崇拜，有的出于祛除蚕桑病祟的愿望，有的反映了对蚕桑丰收的祈祷和丰收后的庆贺，颇具地方特色。

蚕桑文化是中华文明的有机组成部分。清代袁枚在《雨中过湖州》一诗中写道："人家门户多临水，儿女生涯总是桑。""在中国的生产民俗中，以蚕桑习俗最为重要繁缛。这是因为蚕桑生产周期短，收益大。"[①]当地的蚕桑民俗与汉民族的节气息息相关，如：腊月祭蚕神、浴蚕种——清明祛白虎、轧蚕花——蚕月"关蚕房门"、"蚕罢"望蚕信——端午谢蚕神、七夕请杼神、重阳吃赤豆糯米饭等。新的历史发展时期，具有时代性的蚕桑民俗不断形成：每年一度的湖州蚕农清明"轧蚕花"民俗，已发展为"含山蚕花节""新市蚕花庙会"。"祈蚕歌"也在民间绵延流传。

湖州蚕桑民俗文化，是指湖州地区特有的以蚕桑为主题的一系列民俗和传统活动，包括植桑养蚕、缫丝织绸等。这些民俗活动融入了湖州人民的日常生活，形成了独特的地方文化。要完成湖州蚕桑民俗文化的当代传播，就需要推进湖州蚕桑民俗文化的创造性转化和创新性发展。

在艺术领域中，许多优秀的艺术表达远超作品本身。这需要艺术家或创作者具有敏锐的洞察力和创新意识，能发现和理解文化符号的内在含义，运用自己的艺术技巧和才能，将这些文化符号转化为独特的艺术形式，以此来表达自己的情感、思想或对社会现象的理解和反映。将文化符号转化为具有艺术表现力的作品，建立一种"可看、可读、可观"的符号性艺术表达方式，从而实现对文化、社会和人类经验的深刻反映和独特表达，激活湖州蚕桑民俗文化的图像表达新样态。将各种湖州蚕桑民俗文化文化符号转化为具有艺术表现力的形式传达信息、表达情感，且与当代生活相连接。从文化符号到艺术表达的过程，意在消除语言与视觉的界限，实现地域文化独特性与鲜明性的再挖掘，以全新的面貌、熟悉的气韵焕发出别样的蚕桑民俗风貌。这是一个创新和转化的过程，

---

① 陈永昊、余连祥、张传峰：《中国丝绸文化》，浙江摄影出版社，1995，第243页。

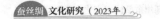

展现出湖州蚕桑民俗文化审美元素在当代的适应力与再造价值。

二、从文化符号到艺术表达的多元延展

（一）激活现代意识，实现湖州蚕桑民俗的视觉传达

在现代语境下，从湖州蚕桑民俗的在地资源入手，我们将蚕桑民俗中的物质性源头，根据当代社会的需要，不断融入新材料、新工艺、新需求，兼具实用意义与艺术意义的双重属性，融入生产、生活、艺术审美等活动。在当代社会，现代并不意指时间上的线性更替关系，而更加包含有开放、动态的现代思维观念与生活方式的转变，对于自然材料的运用和作为工业化或数字化信息化的更新，以及人们的生活方式、消费观念的转变和审美能力的提高，资源开发的侧重点从实用性转向更高的审美内涵要求，在形式语言和视觉美学上更加丰富。基于农耕文化的蚕桑民俗文化，随着工商业文化的发展、现代化数字化信息化新时代的到来，需要不断变化发展。通过深度挖掘和艺术化表达湖州蚕桑民俗文化，激活蚕桑民俗文化的图像知识，使其在传承中得以活态发展，同时也使更多人了解和认识到这一地域特色文化的魅力和价值。

（二）唤醒艺术基因，提升湖州非遗传承新高度

将民俗活动中的重要元素和符号进行图像化处理，进行素材的构建与深化，可以包括对蚕桑民俗过程中的关键环节、仪式以及演员妆造、舞台服装、舞台道具的描绘，对相关的传统服饰、工具和器物的再现。通过这种视觉呈现的方式，可以激发观众的兴趣，增强对蚕桑民俗的全方位认知和理解。这一方式旨在将复杂的知识信息以直观、形象的方式呈现出来，有助于提高知识的传播效率和接受度。在传播扩大其影响力的过程中，最重要的便是湖州蚕桑民俗文化的内容本身。文化内涵构成了湖州蚕桑民俗文化的传播内容。要想完成拓展其原有功能的影响领域的目的，就需要达到文化内容无障碍的"沟通"。在这个过程中度的把握至关重要，我们要既让大众能够接受而产生共情，又需要坚持大众文化站位，不能降低审美情趣和文化内涵的标准。我们要保留湖州蚕桑民俗

文化中最精华的内涵，将蚕桑民俗文化的历史演进、主要特征和核心价值以图像或视频的形式展现出来，从而使人们更直观、更深入地理解蚕桑民俗文化，并逐步转化为民俗文化发展的动力。

（三）扩大传播半径，开拓湖州社会影响新广度

蚕桑民俗文化在江南地区具有普遍性，在趋于同质化的境况下，鲜明的地域文化主体性是构建大众认知层面文化内涵的要义；而要完成湖州蚕桑民俗文化的当代传播，就需要推进湖州蚕桑民俗文化独特性的当代转化，其艺术表达要合乎当下受众的期待视野。以艺术表达的方式对地域民俗文化独特性、鲜明性进行再挖掘，在湖州逐渐塑造富有生机的本土性蚕桑文化民俗新样态，强调湖州蚕桑民俗文化语境的创造性转换，发展具有地方特色的文化共识。这既是对文化的继承，也是对数字化信息化新时代的顺应。笔者从策略研究出发，通过传播拓展其原有功能的影响领域，使其更自然地走进当代人生活，从而获得更广泛的社会认同。不断提升湖州蚕桑民俗文化的传播效果，提高其社会影响力，从而推动地方特色文化的对外传播。

三、湖州蚕桑民俗文化传承的美育策略

（一）文化传承策略：建构三维进阶理念，拓宽文化传承路径

1. 呈现"三度融合"：与文化场馆互联寻趣。将文化场馆非遗资源引入课堂，可以唤醒学生的审美体验，建立学生学习美术的感知基础，丰富学生关注生活和艺术本原的思维方式。改变校内美术课程受到教材局限和空间等因素制约的现状，让美术教育应有的魅力得到充分发挥。博物馆的实物资源、情境资源，是推进学生进行深入学习很好的媒介，在教学中具有不可替代的作用和价值。当馆藏的丰富资源融入美术课程时，其实已经将经典的艺术资源与学生的审美感受、审美发现以及审美创作相互融合，改变了学生关注艺术的视角和解读形态，建构了全新视觉思维，打通了学校教育与社会教育的屏障，实现了新的教育方式的转变。在场，以文化空间挖掘去探究历史深度；在地，以地域空

间思考去探寻非遗广度；在线，以网络空间蓝图去展望探索未来高度。创作方向关注以更宽广的视野，重新理解民俗文化。在形式与内容上，对既有程式进行解构和重塑，破除局限与迷障。关注在当下语境中如何有效认识和发掘美术创作领域内的湖州蚕桑民俗文化视觉建构，通过实践反思隐匿于民俗中的观看机制与惯常认知。最后以创作的实践扩展艺术形态，使"湖州蚕桑民俗文化"从中华传统艺术造型观与造物观中汲取养分，突破大众民俗文化的场域，从具象的"湖州蚕桑民俗文化"到艺术观念上的视野拓展。

2. 实施"三步推进"：与生活世界共触共存。为了更好地开展项目化创作教学的研究，我们需要与生活世界共存。为学生建构真实的学习情境，通过明确核心知识来设计驱动性问题，推进项目研究，并利用学习工具设计形成学生构建知识的框架。用项目化形式优化课程实施，帮助学生循序渐进，形成独立思想，完成自主创作。多种真实体验，建构学习情境；多元知识探究，提升核心素养；多类创意展现，驱动深度探究。创作形式上，深化对绘画语言的创新和研究，从构图到画面，丰富这一主题的表达。通过考察江南蚕桑丝织技艺的重要传承区和保护地，选取素材用于创作，丰富创作的广度和内涵。通过图像让蚕丝绸文化深入到当代中国人的精神内核中，思考和挖掘蚕丝绸这一非遗文化的传承与创新。

3. 成果"三阶展评"：与智慧空间美美与共。湖州蚕桑民俗文化选修课程的项目化实施是学生综合能力的体现，通过图画再现创作项目化的学习，学生学有所得、研有所成。多角度和多形式的展示评价，对激励学生继续投入项目化学习具有很重要的意义。第一阶：新型空间的视觉追踪。项目化学习如同一场不息流转的盛宴。在这个阶段，我们运用录像、摄影、录音、速写等多种形式，对学生的项目式学习进行全程视觉追踪，有助于打造一个涵盖全过程、充实完善、侧重创新的展示评价体系。第二阶：数字之美的全景呈现。我们充分运用数字技术，创作蚕丝绸文化主题的插图、长卷、文创等实物作品，宛如一幅幅数字之画廊。同时，打造数字化共享平台，通过多媒体手段实现资源的共享与互动。这一阶段巧妙融入数字工具，丰富学生的艺术感知，展示丝绸文化艺术之奇妙。第三阶：多维评价的互动共鸣。我们在项目化学习中采用形成性评价、成果性评价以及表现性评价等多元化评价方式，犹如不同音符交织成一曲和谐的乐章。这种多维评价满足了不同学生群体的多样需求，同时激发了学生的创新思维和个性化表达能力。

（二）资源转化策略：探析蚕桑文化底蕴，推动学科建设

美术教育学科体系内的资源转换是一种将各种资源转化为适合美术教育的形式的过程，包括教育机构、教师、教材和学生等方面的转变。建立起完善的体系，能够有效地培养学生的艺术素养和创造能力，推动美术教育事业的发展。美术教育学科体系的构建与发展是一个系统性的过程，需要从教育机构、教师培养、课程设置、教学方法等多个方面的资源转化进行综合考虑和推进。

建构创造性美术教育资源体系。笔者在高校担任艺术类学科的教学，进行了美术教育资源体系的创造性建构。在教学过程中，将湖州蚕桑民俗文化与美术创作相结合，将学科知识融会贯通，拓展学生的知识面，将美术视为理解文化的工具，考查学生分析和解决问题的能力，让学生更好地将学科知识和特色文化紧密结合，调动并使用本土的蚕丝绸文化资源，并加入互联网可视化手段，与美术创作相结合，将课堂内外有机融合。这样的课程融合模式有助于培养学生的学科拓展能力，注重艺术与社会学、民俗学等学科之间的内在联系。这种美术教育资源体系的创造性建构，将蚕桑民俗的内涵和价值进行了深入挖掘和表达，使得学生能够更加全面地理解湖州蚕桑民俗文化，引导学生通过艺术表达的方式体验湖州蚕桑民俗文化的精神内涵与精神价值，了解创作过程中所蕴含的跨学科知识和技能，增强实践能力，拓宽审美视野。

积累项目化专业创作课程资源。笔者以湖州蚕桑民俗文化为切入点，通过考察、研学、创作等方式，探索蚕桑文化底蕴，助力资源转化与融合。以相关图画再现为目标，立足定位文化符号增值，通过可视化创作路径研究，从项目设计、项目实施、项目成果三个维度，助力教学中的学科资源转化、建构三维进阶理念的项目化路径。在教学过程中，课程尽可能从培养学生兴趣出发，将课程设置为讲授、专题讨论、名家讲座、实地考察等。通过考察湖州地区蚕桑丝织技艺的重要传承区、非遗传承人以及蚕桑民俗的重要节庆活动，进一步丰富艺术创作的素材，丰富创作的广度和内涵。同时，多样的学习形式打破了课堂的时间与空间限制，教师与学生一起在实践中欣赏、体悟。在此基础上，专

业创作实施课程项目化创新，强调美术创作领域的深入应用，包括素材的构建与深化。拓展视角，通过实地写生、田野考察，收集当地民俗人文资料，思考湖州蚕桑民俗文化的现状与保护，依据写生采风和资料的收集进行深入探讨与实践创作。在创作形式上，通过素材的构建与深化进行形态的提炼与应用，通过对绘画语言、艺术创作和设计的创新和研究，通过对图像化处理、整合呈现、专业教学引导和资源转换等方面的探索，将感知与认知的过程转化为视觉形式，厘清核心元素，探索未来样态，构建视觉形象，让主题的表现深入到湖州蚕桑民俗文化的精神内核中。这些策略的运用不仅是学生进行美术创作的基础，也是专业艺术家表达自己独特艺术语言时的重要手段。图像化的呈现，有组织的创造与表现，融入中国传统思维的审美法则，从造型到笔墨、从构成到意趣，创新表现手法，延拓湖州蚕桑民俗文化内涵，完成具有表现力的专业创作。最终的呈现形式有绘画创作、剪纸、绘本、明信片、蚕花制作等。

通过图像强化历史观念，通过图像创新传播方式，通过图像强化教育引导，将感知与认知的过程转化为视觉形式，厘清核心元素，探索未来样态，构建视觉形象，让主题的表现深入到湖州蚕桑民俗文化的精神内核中。在这样的语境下，还可以用更多的资源转化方式，适应现代美术教育的需求。例如，建立艺术教育基地、培养专业教师、编写适合教学的教材和激发学生的兴趣和热爱等策略。

展现湖州蚕桑民俗文化魅力。课程融合的方式，是着力构建推动学科创新、学科交叉融合的生态发展方式，在学科内部、学科之间构建良性的、具有地方特色的交叉学科课程基础研究。通过美术教育资源体系创造性建构、专业创作实施课程项目化创新，完成一系列湖州蚕桑民俗文化的情境化图画创作，表现湖州蚕桑民俗文化的过去、现在与未来，体现蚕桑民俗文化之美以及对蚕桑民俗文化未来发展的积极向往。以可视化创作激活并留存湖州蚕桑民俗中的文化艺术基因，进一步挖掘文化内涵，彰显湖州的地域文化特色和文化魅力，树立以中华蚕丝绸文化为内核的文化自觉与文化自信，在非物质文化遗产的赓续中通过课程融合赋能学科生态式发展。通过将湖州蚕桑民俗文化艺术化，师生在参与湖州蚕桑民俗文化主题的创作过程中，提升了美育素养，增进对湖州蚕桑民俗文化的理解和感悟。笔者与学生共同完成了《丝路蚕语：蚕花歌》（绘本）

和《含山轧蚕花》（主题明信片）等作品，以独特的图像展现湖州蚕桑民俗文化的魅力。

（三）艺术增值策略：促进美育功能转化，进行跨界资源整合

蚕桑民俗文化元素广泛散落在城乡博物馆、节庆活动中。我们要以审美教育与艺术创作为主线，将散落各处的蚕桑民俗文化串连起来，进行跨界资源整合，才能实现艺术增值。

在传创的路径中加入文化意象，最简单直观的方式便是选取典型的文化元素，运用于实用的物品与功能中。湖州蚕桑民俗文化中有许多外显型的文化元素，例如地理元素上的德清扫蚕花地、含山蚕花节；建筑元素中的含山塔和农家蚕房；工艺元素中的石淙蚕花、双林绫绢等。这些极具代表性和地域特色的意象，能够被灵活运用于例如文创产品、纪念品的造型设计而被受众所感知。对元素的简单运用会使文化传播流于形式，文化元素的运用实际上会影响民众对文化内涵的感受与认知。既要使文化内容的表达正确且清晰明了，易被受众感知，也要保证文化内容的深度。文化元素怎样提炼与使用，如何让其与实用性的产品本身巧妙结合并凸显文化内涵，才真正能体现出艺术设计之巧思。通过文创传创时使用外显型的文化元素代表文化符号在创意上并不复杂，利用这些元素如何表达出湖州地区的内在的文化气质，真正将湖州蚕桑民俗文化之精华回归和融入现代价值，不只是具有审美高度的某几件个人化的艺术品的诞生，也不只是消费主义驱动的生产服务，而是一种代表湖州文化的集体力量，才是最核心的难点。以优秀的中华美学精神为基础，构建湖州蚕桑民俗文化的独特精神内涵和鲜明审美风尚，通过传播拓展其原有功能的影响领域，使其更自然地走进当代人生活，实现湖州蚕桑民俗文化的共通与共情，获得更多的认同感，并逐步转化为民俗文化在地应用与发展的动力，促进新时代文化高质量发展，将蚕桑民俗和非遗元素全面植入历史文化保护和传承。

美术展陈场域的整合呈现。将各种展陈场所和形式整合起来，以全面展示湖州蚕桑民俗文化的丰富内涵和独特魅力。整合博物馆和文化馆的展陈场所、传统工艺展示的场所、乡村旅游景点的展陈场所、数字化展示的场所以及社区和学校的展陈场所等，可以全面展示湖州蚕桑民俗文化的魅力，促进其传承和

创新。湖州蚕桑民俗文化的展陈可以在湖州博物馆和湖州文化馆等专门的场所进行。通过展示蚕桑民俗的历史沿革、文化传承和艺术表达，让观众了解湖州蚕桑民俗的丰富内涵。整合传统工艺展示的场所。湖州蚕桑民俗涉及丰富的传统工艺，如手工缫丝、绫绢织造等，可以将传统工艺展示在手工艺品展览馆、民间工艺展示中心等场所，通过实物展示和演示，展示湖州蚕桑民俗的技艺和工艺的独特之处。湖州蚕桑民俗文化紧密融合于当地的乡村生活和自然环境中，可以将展陈场所设置在蚕桑乡村旅游景点，通过实地展示和体验活动，让观众亲身感受湖州蚕桑民俗的生活方式和自然环境。

整合数字化展示的场所。充分利用现代科技手段，如虚拟现实技术、多媒体展示等，将湖州蚕桑民俗文化展示在数字化场所，如数字博物馆、线上展览平台等。观众可以通过手机、电脑等设备，随时随地了解湖州蚕桑民俗的内容和形式。

整合社区和学校的展陈场所。湖州蚕桑民俗文化的传承需要广泛的社会参与和学校教育的支持。可以将展陈场所设置在社区文化馆、学校美术馆等地，通过社区活动和学校教育，让更多的人参与湖州蚕桑民俗文化的传承和保护。

美育作为培养学生完整人格与审美创造力的重要途径，不能靠单一的、机械的知识传授，而需要营造感性的、动态的审美空间与审美联结。激活以蚕桑民俗文化为代表的湖州在地文化遗产资源，将其融入高校美育中，有赖于通过课程资源开发、艺术创作、跨界资源整合等方法，提炼湖州蚕桑民俗的文化基因密码与内在审美特质，将传统的蚕桑民俗文化以艺术表达的方式进行创新性转换和发展。我们要进一步挖掘美育在当下时代语境中的本体价值，借助优秀传统文化的现代融合，以及对民俗文化的保护、创新，发挥美育在提升学生人格涵养方面的作用。

（作者单位：湖州师范学院）

后记

　　湖州师范学院教育部中华优秀传统文化（蚕丝绸）传承基地获批 4 年多来，克服疫情带来的困难，连续 3 年每年召开蚕丝绸文化论坛，初步构建了立足长三角、面向全国、影响世界的蚕丝绸文化研究学术共同体。每次论坛的会议论文集经精选修改，由浙江大学出版社正式出版。

　　2023 年蚕丝绸文化论坛于 8 月 2—4 日在浙江省湖州市八里店镇潞村钱山漾成功举办。本次论坛由湖州师范学院教育部中华优秀传统文化（蚕丝绸）传承基地、《中国蚕业》杂志社、浙江省湖州市吴兴区八里店镇人民政府联合主办。论坛共收到论文 30 多篇，与会专家学者分别来自中国农业科学院蚕业研究所、浙江省蚕丝绸学会、浙江省农业科学院、浙江大学、上海交通大学、江苏科技大学、上海师范大学、浙江师范大学、杭州师范大学、浙江农林大学、浙江外国语学院、湖州师范学院、南浔区辑里湖丝文化保护协会等高等院校、科研院所和文化机构，同时还有来自蚕丝绸文化非遗传承与保护一线的工艺大师、文旅专家，既体现了专业性，又具有广泛性。

　　论坛学术报告分为 3 场，集中于三方面议题：一是蚕丝绸文化的历史和文学研究，二是蚕丝绸文化的传播和影响研究，三是蚕丝绸文化的保护、传承和创新性发展研究。浙江日报社"潮新闻"发布的会议新闻《蚕丝绸文化钱山漾论坛在八里店潞村举办》，被"今日头条"和腾讯网转载，阅读量突破 20 万，社会反响良好。

　　《中国蚕业》杂志社作为本次论坛的主办方之一，在 2024 年第 1 期刊发了由张为刚、余连祥撰写的论坛综述《蚕丝绸文化钱山漾论坛纪实》，全面介绍了本次论坛的学术交流情况。

蚕丝绸文化研究学术共同体具有良好的粘性，同时又能吸引来更多的专家学者。我们的论坛成了蚕丝绸文化研究专家、学者相会、交流的小型平台，有不少专家、学者已连续参加了3次。我们这次在有"世界丝绸之源"美誉的钱山漾相聚，又有梁巧、丁国强、许巧枝、俞樾、吴永祥、王觉平等专家、学者加盟，为论坛与这本论文集增色不少。

浙江大学出版社褚超孚社长、人文社科中心宋旭华主任十分关心和支持本书的出版工作，责任编辑牟琳琳为本书的顺利出版做了大量工作，在此一并致谢。